预见未来的自己

将来的你，一定会感激现在拼命的你

See The Future Of Yourself

夏沫●编著

中国商业出版社

图书在版编目（CIP）数据

预见未来的自己 / 夏沫编著 . —北京：中国商业出版社，2015. 1

ISBN 978-7-5044-8083-5

Ⅰ. ①预… Ⅱ. ①夏… Ⅲ. ①成功心理—通俗读物 Ⅳ. ① B848.4-49

中国版本图书馆 CIP 数据核字（2015）第 011443 号

责任编辑：朱丽丽

中国商业出版社出版发行

010-63180647 www.c-cbook.com

（100053 北京广安门内报国寺 1 号）

新华书店总店北京发行所经销

北京毅峰迅捷印刷有限公司印刷

*

710 × 1000 毫米 16 开 14 印张 187 千字

2015 年 8 月第 1 版 2015 年 8 月第 1 次印刷

定价：32.00 元

* * * *

（如有印装质量问题可更换）

前言 PREFACE

古人说："人有前后眼，富贵一千年。"很多人在理解这句话的时候，总认为古人在警示那些狂妄的后人天意难违：没有富贵千年的人，所以人不可能看到未来，一切顺其自然为好。但是，笔者认为，后人错误地理解了古人的这句话，我们为什么不能理解为它是古人对后人的激励呢？我们可以理解为：人应该总结过去，设计未来，这样就可以富贵一千年。因为很多人没有做到这点，所以世上没有千年富贵的人。

的确，我们常常听人这样说："我要是在前几年怎样怎样，我现在就怎样了。后悔前几年没有做，所以现在做不好。"很多人只会把现在的失败归咎于之前失算，不会通过现在的打拼为未来铺垫。其实，每个人的未来自己都是可以预见的，因为现在的行为决定未来。

20多年前，余习华在杭州是一家知名广告设计公司的老板，这天，一个瘦小的年轻人找到他，递给他一张名片，名片上写着今天家喻户晓的名字——马云。当时，马云请他免费设计黄页，但给余习华6%的公司股份。余习华听后笑了笑，并没有理会马云。但是，马云没有放弃，三番五次找余习华，希望双方能够合作，直到余习华严词拒绝，马云看不到希望才放弃。

后来，杭州所有的广告设计公司都遇见同一件事：一个叫马云的人用公司的股份换黄页设计，但很多人只把它当成一个骗局而相互警示。

今天，马云成为了中国的首富。就在阿里巴巴在美国上市的那天，余习华找到了那张名片，他望着发黄的名片发呆，耳边突然想起了马云最后离开他办公室时说的一句话："今天你对我视而不见，明天我让你后悔莫及。"

对于马云来说，为了能设计黄页，他可谓是跑遍了杭州所有广告设计公司，正因为有这样的打拼精神，才让他有了今天的成就。马云之所以能说出"今天你对我视而不见，明天我让你后悔莫及"的话，就是因为他在为美好的未来做铺垫，他能预见互联网的未来，预见自己的未来。

所以，一个人的未来怎么样，取决于用什么样的方式面对现在。未来和现在一定有直接的因果关系，我们只有找到这种因果，才能为未来做有效的铺垫，才能准确预见未来。敢于放手一搏，你一定会超越现在；懂得隐忍低头，你在未来就有奔头；踏踏实实做事，你的事业会越来越好；现在敢于吃苦，你会越活越精彩……这就是现在和未来的因果关系，就是预见未来最准确的依据。

美好的未来需要现在去打拼，你现在有什么样的打拼以后就会有什么样的未来。哪怕现在你就是一个失败者，也不代表你的未来还是失败的，这就是打拼的力量。那么，我们该怎样做才能拥有一个满意的未来，将来才不会因为现在的碌碌无为而悔恨呢？本书告诉你现在如何去为将来的成功打拼，如何为将来铺垫成功。

目 录
CONTENTS

第01辑

现在不去争气，一辈子都会不景气

一个人没有满意的未来，不是命运使然，而是自己不争气。任何美好的结局都是之前奋斗的结果。现在很差没关系，只要你争气，你的未来就会变得很好，不仅自己满意，更让所有的人羡慕你。本节告诉你一个争气的人的未来会是怎样的，同时，也让你对照检查一下自己，看看自己是不是这样的人。

未来的成功，靠你现在去争气

在很多人看来，成功者的起点往往比一般人要高得多，要么是借助祖上的阴德，要么是借助自己雄厚的经济实力，这样才会成功。但实际上，很多人未来的成功，都是靠现在去争气。

在中国当代的经理人中，被人们称为“打工女皇”的吴士宏可谓是一个成功者的典范。她用她极富传奇色彩的个性魅力深情地演绎了一段经典的“灰姑娘”的经历，她之所以能够一步步走向成功靠的不仅仅只是运气，她是一个愿意为了将来的成功，现在去努力去争气的人。

吴士宏出生于北京，父母都是知识分子，由于父母的问题，初中毕业的吴士宏不能继续上学。之后，她被分配到一个街道小医院当护士。

十年过去了，中国的改革不仅在改变着中国，也在改变着吴士宏的眼界。吴士宏觉得，自己不应该永远当一个街道医院的护士，应该活出自己应有的价值。于是，她决定自学英语。她依靠一台小收音机，用了一年半的时间修完许国璋的三年英语教程，并通过成人高考取得英语专科学历。

吴士宏拿到了英文专科学历的文凭之后，获得了到IBM工作的机会。在进入IBM之前，有一个面试，吴士宏表现出了初生牛犊不怕虎的胆量。主考官问道：“你知道IBM是家怎样的公司吗？”吴士宏马上回答：“真的非常抱歉，对此我了解的并不是太多。”她说的是实话。“既然你并不了解那你怎么有资格来IBM工作？”“你不录用我的话你怎么会知道我究竟有没有资格？”吴士宏脱口而出，说出这样的话，充分显示了她的自信和勇气。接下来，她用流利的英语说，她以前的同事和领导都相信她有能力做更多的事，如果能给她机会，她会以实际成绩来证实她的能力和资格。

就这样，吴士宏成功地被录用了。IBM的面试像个筛子，两轮的笔试和一次口试，吴士宏都顺利地滤过了严密的网眼。在面试过程中，她充分展示出自己的自信和能力，最后得到了主考官的信任和认同。最后主考官问吴士宏会不会打字，她毫不犹豫地答道："会！""一分钟你能够打多少字？"吴士宏聪明地问："您的要求是多少？"主考官说了一个标准，吴士宏马上承诺说可以。因为她早就发现考场里没有打字机，果然，主考官没有再测试她的打字水平。

其实，吴士宏根本就没有摸过打字机。等到面试结束后，她立刻向朋友借钱买了一台打字机。她马不停蹄地练了一个多星期，练到最后连吃饭的时候筷子都拿不住。功夫不负有心人，吴士宏竟奇迹般地敲出了专业打字员的水平。

进入IBM的她，从最基层开始做起，做的工作都是些比较琐碎的行政勤务，在职位上虽然被称为"行政专员"，但是实质上与打杂的也没有什么区别，几乎什么都干。但是，正是这段"打杂"的工作对吴士宏影响非常大，她觉得，自己身处一群无比优越的真正白领阶层中，渐渐失去了自身的价值和能力。或许自己的现状正是如此，因此她也很少能够得到同事的尊重。

有一天，有一位资深的香港老职员耷拉着脸朝她喊道："如果你想要喝我的咖啡，请你弄完之后把盖子盖好！"很显然她把吴士宏当做偷喝她咖啡的贼了。这对于身处基层的吴士宏来说是人格的污辱，顿时她觉得浑身颤栗。每个人身处的环境都是在不断变化的，而这种外来环境的变化有时会驱使你不断前进，而有时又会令你不知所措。对于吴士宏来说面对这样的人格侮辱，就像有千万条鞭子不断地抽打着她，尽管到最后遍体鳞伤，她也要勇敢地站起来。事后她发誓说："有朝一日，我定会有能力去管理这公司的每一个人，无论他是什么人。"

1993年IBM在中国成立了独资分公司，当时IBM在职的中国员工自然而然地就从外企雇员成为了外资独资公司的的直接雇员，这意味着吴士宏成为了IBM的正式员工。因为在此之前，本地雇员是没有资格进入公司管理层的。独资分公司的成立，在吴士宏的心里突然激发出一个大胆的想法："哪一天，我在IBM也可以成为一名经理！"那时，吴士宏只能把这种野心和梦想藏起来，不敢跟别人说，怕说出来别人笑话她。你想，在科技文化密集的IBM，硕士、博士比比皆是，而吴士宏是个女孩，正规学历只有初中。

吴士宏要改变现状，要从最底层冲出来。有了应聘时要求打字的前车之鉴，她决定把事情做在前面。于是，她每天比别人多花6个小时用于工作和学习，为了通过计算机语言考试，她用两个星期的全部夜晚啃完一尺半高的教材；为了能够更好地适应推销业务，她将自己关在家里一个人面对着墙壁练习绕口令以锻炼口才；为了练习专业术语快读，导致她咽喉充血不能吞食。由于出色的表现和优秀的职业技能，很快她坐上了业务代表的职位。吴士宏知道，即使是面对这些繁琐、单调的工作，也要尽力把它做到最好。因为只有做到最好，才能有机会让上司关注你，才能有机会培养你。吴士宏当时就是这样想这样做的。在工作中她总是尽自己最大的努力做到最好，并且勇于向领导展示自己的才能。

机会留给有准备的人，吴士宏在IBM公司工作了12年，在这12年里她的努力没有白费，吴士宏勤奋好学、工作拼命是众所周知的。她的能力很快得到了领导的肯定，最后她终于从最初的"行政专员"成长为高层管理者。是金子总会发光，1998年吴士宏改任微软中国公司总经理，一年后又任TCL集团信息产业公司总裁。到了2007年7月3日TCL任命吴士宏女士为独立非执行董事及审核委员会及薪酬委员会成员。

吴士宏曾对人说过她的成功秘笈，她说："我的成功，就是一直在为自己争口气。"世间任何一种成功都需要自己争口气，即使你现在还是一个碌碌无为的平凡者、普通人，只要坚持和吴士宏一样争气，未来必定是成功的。

所以，打造美好未来的最好办法就是自己争气，在体格上、在知识上、在智慧上、在实力上使自己加倍成长，变得更加强大，使许多问题迎刃而解。随着自己的努力，未来也会变得越来越好。

无论多么落魄，都不能缺少了志气

我们常常会听到这样一句话：人穷志不穷。不管一个人是多么落魄，多么穷困潦倒，都不能够缺少了志气，因为一个人有了志气便会产生强大的意志力，即使身处绝境也会支撑他渡过难关。我们每一个人都不甘于贫穷，那是因为我们能够在困苦与贫穷中通过自己的不断努力，勇敢拼搏，迎来美好的未来。

牛根生的家境非常贫寒，所以在他出生没多久母亲就将他送给了别人。养父母的家里也不是特别的宽裕。牛根生在14岁的时候就出去工作，当了一名养牛工人。这样的经历，使他从小就暗暗地立志在将来一定要有一番成就。最后，通过不断努力，牛根生成为了“中国冰淇淋大王”。

1999年牛根生决定离开伊利，创办蒙牛乳业集团，在短短8年的时间里，他使蒙牛乳业集团成为了全球液态奶冠军、中国乳业总冠军。当有记者问，到底是什么支撑他走这么远时，他只说了一句话：“人穷志不穷，因为尝够了贫穷的滋味，所以立下了大志。”

不想当将军的士兵不是好士兵，同样一个人如果缺少了雄心壮志，那么就如同植物缺少了养分，自然不能盼望它朝气蓬勃、开花结果。物质的贫穷并不可怕，真正令人觉得可怕、感到可耻的是人穷志短、鼠目寸光、不思进取。要想有一个成功的未来唯有争气，发愤图强，努力付出，只有这样才能够逾越贫穷的“鸿沟”，坐等天上掉馅饼那是愚蠢的。

古人说，“穷且益坚，不坠青云之志”，“天将降大任于斯人也，必先苦其心志，劳其筋骨，饿其体肤，空乏其身”，与其说这是在鼓励我们不畏贫穷，发扬矢志不渝的奋斗与抗争精神，还不如说是对未来的一种预判。

胡鼎生在皖西贫困山区，初中毕业后顺利考入高中，但因他是家中的老大，家里兄弟好几个，家境又困难，只得将读书的机会让给弟弟们，自己辍学去南京打工。临行前，父亲含着泪将他送到村口说：“爸爸没用，家里穷，你这样小就离家打工了，爸爸对不住你呀！”胡鼎却对爸爸说道：“这是我自己的选择，哪能怪您呢？再说，只要我自己争气，咱家迟早会好起来的。”

因为销售工作对学历的要求低，所以内向的他做起了销售。他立志要改变自己的命运，成为一名出色的销售员，从而彻底改变自己贫困的面貌。

胡鼎找到了一家房地产代理公司，底薪少的只有可怜的400元，还不包吃住，工作做得好的话才有一点提成。但是胡鼎依然干劲十足。他每天早出晚归，甚至有时到了晚上12点还在路边发宣传单。有时候他趁着堵车，将广告单直接塞给被堵得心烦意乱的车主，尽管招来白眼，但是他依然边塞还边笑呵呵地说：“看看吧，就当解闷儿。”

有付出就有回报，他的业务量在不断地增加，第一单谈成后，胡鼎拿到了人生的第一桶金——1万元的佣金。当他拿到这1万元的时候，简直不敢相信自己的眼睛，他的手激动得有些发抖，眼眶也红了，他发现离自己的志向越来越近了。

两年后，有了一定存款的胡鼎放弃待遇优厚的地产销售工作，回到了老家读高中，因为之前在工作之余他就自学高中课程，所以第二年他就考入了马鞍山商专，专修对外贸易。商专毕业后，胡鼎又来到南京，进入一家国企从事对外贸易工作。今天胡鼎已经是这家国内最大的贸易公司的销售精英了。

胡鼎命运的改变，也让他的两个弟弟有了经济支撑，他们一直读到大学毕业。毫无疑问，如今家里也发生了翻天覆地的变化。

从辍学少年到大公司的销售精英，从贫穷到富足，其中的力量从哪里来？用胡鼎的话说就是：我家不能穷一辈子，要有志气，所以我一直在为自己争气。可见，争气让成功水到渠成。

约翰·富勒在接受记者采访时，有记者问其致富秘诀，约翰·富勒用多年前母亲说的话回答："我们虽然很穷，但不能怨天尤人。一直相信自己是穷人的爸爸宁愿安于现状从未想过改变，从而家中每一个人都胸无大志。然而我不相信，所以我一直努力使自己成为一个富人。"约翰·富勒在后来的演讲中说了一句很经典的话："虽然我不能成为富人的后代，但我可以成为富人的祖先。"

有了志向，我们还需要切实的行动力来实现。现在不好不是最可怕的，可怕的是因此带来的空虚和无志，这让你的未来毫无希望。《蜗居》里面海清的一句台词非常精彩："我就不信了，这么大的城市竟没有我的容身之地。我不仅要过得去，还要过得好……我们一定会有一套属于自己的大房子。"海清的话不仅是志向的宣言，更是对未来的预示。但天上不会无缘无故掉馅饼，即使会掉，凭什么就砸在了你我的头上？等待不会带来财富，我们需要的是为自己确定一个能够实现的志向，努力靠近，再靠近……

争气的人，所有人都会给他让路

在人生的道路上难免会遇到不如意、不顺心的时候，面对这些问题的时候我们不免会有些胆怯、束手无策。要想在未来有所成就，那就需要去争气，有着不畏艰险、越挫越勇的精神。争气的人永远都会走在困难的最前面，敢于迎难而上，因为他们清楚地知道，只要自己现在争气，什么都是浮云。

亨利·亚兰是美国第三大汽车制造商——克莱斯勒公司的市场销售总监，从年轻的时候就在克莱斯勒公司做销售工作。20世纪50年代中期，市场低迷，汽车销售量下滑，生意极其不好做。谁也不能预计克莱斯勒的未来是怎样的。

一个寒冷的冬天，亨利·亚兰跑了整整一个街区都没有推销出去商品，甚至没有人愿意打开房门，听一听他的介绍。

可喜可贺的是，上天没有辜负亚兰的勇气。他回到那个街区后，每一个拒绝他的人，都被他的这种不屈不挠的勇气所感染，结果售出了6辆新车，取得了前所未有的销售业绩。

第二天，当他到公司后，向同事们讲述了开始遭遇失败，接着又顺利地销售出6辆新车的过程。同事们都为他的不屈不挠的勇气所折服。

这的确是一个非常艰难的过程，成功是建立在一次次失败的基础之上的。面对失败亚兰并没有放弃，而是义无返顾地勇往直前，这是一般人难以做到的。亚兰也由此成了克莱斯勒公司的最佳销售员，不久后被提升为销售经理。

但有时候你是否忽略了勇气的力量，总在盼望成功会以某种神秘莫测的方式不期而至，而没有勇气去尝试一次又一次失败过后的努力呢？

亨利·福特作为美国第一大汽车制造商在取得成功之后，便成为所有人羡慕的对象。有的人觉得他只是运气好，或者是得到了朋友的帮助。亦或者他本身就是一个富有潜力的管理天才，或者他有着自己独特的成功"秘诀"，所以他成功了。

不可否认的是，以上所提到的一些因素当然有几种能够起作用，但是肯定还会有一个关键性的因素，也许福特成功的真正原因每个人都懂得，只要细细体会福特的行动，就可完全了解他的成功"秘诀"。

多年前，亨利·福特决定改造著名的T型车的发动机汽缸。他想将原来的发动机的汽缸铸成一体的八个汽缸的引擎，于是便要求工程人员去设计。在当时几乎所有的技术人员都认为想要制造出这样的引擎是不可能的事情。虽然这是老板提出来的想法，但是这些技术人员还是一口回绝了这样的"无理要求"。听过技术人员的一番介绍之后，福特并没有放弃，依旧坚持着原来的想法生产这种引擎。

技术人员回答道："要做到是不可能的。"

"只要用点心没有什么是不可能的。你们继续去工作吧！"福特接着很严肃地说道："这项工作无论你们将用多么长的时间，做到你们最终完成为止。"

这时，所有的技术人员都被福特严谨的作风给震住了，只好全部都出去工作了。如果这些人想继续留在福特汽车公司，那么就必须全心全意地工作。六个月过去了，他们的工作仍然没有丝毫进展。又过去了几个月，他们还是没有成功，好像这些技术人员越是努力，这项工作就越是不可能完成。

不知不觉一年过去了，当福特问起工作开展的情况时，这些技术人员说他的命令很难实现。"那就继续工作"，福特义无反顾地说，"只要坚持不懈我想总有一天会成功的，就算它是一只老虎，我也一定会逮住它！"

在这样的勇气面前，任何困难和挫折都是浮云，都成了他的手下败将。当然，想要铸造出这样的发动机也不是一点可能性都没有，事实证明福特真的做到了，如此超前的想法使得福特和他的公司把他们最强劲的对手，远远地抛到了后面，后来福特公司生产出的发动机引擎装到了最好的汽车上面。

福特的勇气给了技术人员必然成功的信念。他的勇气也让参与研制开发的人员没有任何退路可走。面临这样的境地他们只能孤注一掷，只能成功。

勇往直前者，未来才会无往而不胜。争气的人敢于应对挑战，能把一个个奇迹在未来变成现实；把一个个不可能变为可能。争气的人，就是要有福特那样的气概，以非凡的勇气和不达目的决不罢休的气势，稳定彷徨不定的军心；唯有争气，才能在成功的路上劈波斩浪。

贪图安逸，你的人生会失去斗志

贪图安逸是美好未来最大的敌人，没有危机就会迎来杀机。一个人要想保持斗志，就要不断给自己压力，让自己从安逸的状态中解脱出来。腾讯老总马化腾有这样一句话："坐票太安逸了，这会让人失去斗志、失去激情，我愿意全程站着，保持站着的姿势！"

生活中，有很多人生活散淡，陶醉于安逸之中，逐渐变得懒惰。他们觉得努力工作并非当前的主要任务，因为生活已经足够好了，没有必要确立更大的志向。这种心态是他们取得巨大成就的最大障碍，归根结底，是安逸的生活毁了他们的未来。

杨小易进入公司后，觉得工作已经有了保障，便选择了安逸的生活，工作上不思进取。无疑，他成为了公司里业绩最差的销售员。当公司里传出裁员的消息时，几乎所有人都认定了杨小易肯定会成为第一个被裁掉的员工。

杨小易步履蹒跚地走到家里，默默地想：我真的会被裁掉吗？如果真的没有了这份工作，那么我的妻子与孩子吃什么呢？那样的生活太恐怖了，我绝对不能被裁掉，杨小易仔细分析了自己业绩最差的原因，终于揪出了“安逸”这个最大的敌人。他坚定地告诉自己：“我要相信自己，我一定不会失去这份工作。过去的安逸让我失去了斗志，而现在我要重新将斗志点燃。”

杨小易重新剪了利落的发型，信心百倍地投入到了工作中。他的销售业绩逐渐提高，打破了裁员名单的预言。一年后，他在公司的业绩竟然从排名最后跻身到前几名。两年后，他成为了销售部门业绩最佳的推销员。

年度大会上，董事长让杨小易讲讲成功的秘密。杨小易说：“我的改变要归功于那个裁员预言。当时，我意识到自己已经陷入了困境，我特别害怕，于是下决心改变。就是那个危机，让我成就了今天的自己。”

古人说：“生于忧患，死于安乐。”对在工作上享受安乐的人们，有一句流传非常广的话：“今天工作不努力，明天努力找工作。”所以，今天的安逸只会换来失败的未来；今天的进取，换来明天的辉煌。

心理学家指出，是“安逸”阻碍了人们潜能的发挥。人本身有很多缺点，安逸的生活让这些缺点肆无忌惮地表现出来。当我们不愁衣食，就不会去奋斗，进而懒惰滋生；当我们没有生活的压力，就不会去思考，脑力就会变得迟钝……纵观胡润富豪榜中的富豪名单，几乎没有富二代，他们全都是从贫苦阶段一点一滴奋斗起来的。

彼得•巴菲特并没有因为被笼罩在父亲的光环之下而感到困扰。在很多人眼中，作为“股神之子”，彼得的人生起点确实跟别人不同，他没有谋生的压力，更容易投身于自己的梦想中。然而，彼得却并不这么认为，因此他放弃了安逸的生活，选择了一条自己重头奋斗的道路。

彼得说：“离开大学校园后，我必须去谋生，比如我要为电台的商业广告谱曲。刚开始自己的职业生涯时，我只有很小一笔钱。那时，我必须想尽办法过一种完全独立的生活，不仅要还房贷，还有音乐设备等货款要付，不过我认为这是人生必经的历练。”彼得的“股神”老爸也说：“彼得的人生全凭他自己打造。”

彼得•巴菲特无疑是世界上“最有名的富二代”，他的父亲不打算把巨额财产留给他，而他也保持住了自己的斗志。他说：“如果‘富二代’不理解自己的幸运所在，也不想因此而回报这个世界，这对他个人和世界而言，都是一种悲哀。同样，如果‘富二代’只关注外在的幸福，如高档车、豪宅、巨额财富等，他们将无法理解自我价值所在，也无法以有意义的方式给世界留下光辉的一笔。”

在彼得•巴菲特的脸上，人们根本看不出他那种出身富贵的自豪。他和普通的追梦人并没有什么不同：表情中充满自信，凭借着自己的热情和不懈的努力，一步一步地实现自己的人生规划！

像彼得•巴菲特这样把自己从安逸中解脱出来的富二代并不多见，但恰恰因为这样，他才取得了自己的成就。通过自己的努力，他成为了一名作曲家和音乐人。他曾为奥斯卡获奖影片配插曲，后来又争取到为电视连续短剧配乐的机会，并因此获得了艾美奖。

安逸让人丧失斗志，没有危机意识是最大的危机。很多人都拥有梦想，然而，在实现梦想的时候，他们总是先为自己想好了退路，好像这个梦想实现不实现都无所谓，反正自己还有退路。拥有这种心态，注定无法取得成功。走出安逸，切断自己的退路，才能逼自己的潜能发挥出来。一鼓作气，最后，便能成功。

只有行动的人才更容易抓住成功

有句话说：现实是此岸，理想是彼岸，中间隔着湍急的河流，行动则是架在河上的桥梁。的确，理想固然美好，可是它不是现实，想要把自己的想法变成实实在在的现实，我们只能踏上行动的桥梁，否则隔岸而看，理想永远看不着、摸不到。“行动”看起来只有两个字，可是要做起来却很难，因为在人们的思想里普遍存在着惰性，每个人都心存侥幸，幻想即使自己不行动，事情也是往好的方向发展的，然而事实并非如此。

之前，一个孤独的人看到一则电话广告：“有了电话，朋友就来！”于是，他装了电话，希望朋友跟着来。白天他卖力地工作，回到家之后就整晚歇斯底里地盯着电话机，心想自己错过了不少电话。他仍然寂寞，开始为可能漏接的电话而疯狂！

一天，他从信箱里又拿到录音机的广告：有了录音机，电话不“漏接”！录音机装了一个星期后，他就把它退了，因为录音机里没有任何留言，他觉得更加寂寞了。

一个从不到外面结交朋友的人即使装再多的电话，朋友还是不会来的，因为他没有行动，他只不过是在等待，等待能够等来什么？答案很明确：什么都等不来，除了衰老。

所以每一个怀揣梦想的人，每一个想要成功，想要改变自己命运的人，都不能只把自己的理想停留在“想”的层面，而应该付出真正的行动。

的确只有行动才能改变现实，只有行动才能实现梦想，即使你只是一个行动很慢的人，只要你做了、行动了，日积月累，你的成绩也会是卓越的。

钟表店里，一只新组装好的小钟被放在了两只旧钟当中。看着两只旧钟安静地“滴答滴答”一分一秒地走着，小钟不知如何是好。

其中一只旧钟对新来的小钟说：“来吧，你也该工作了。可是我有点担心，你走完3200万次以后，恐怕会吃不消了。”

“天哪！3200万次。”小钟一听这个数字，吃惊不已。“要我做这么大的事？办不到，办不到啊。”

另一只旧钟说：“别听他胡说八道。不用害怕，你只管每秒滴答摆一下就行了，什么都会做到的。”

“天下哪有这样简单的事情。”小钟将信将疑，“如果这样，我就试试吧。”

于是，小钟很轻松地每秒钟“滴答”摆一下，不知不觉中，一年过去了，它已经摆了3200万次。

从这个小故事中或许很多人都已经明白了，成功其实并不难，有了理想，有了想法，只要去做就行了，不用觉得成功远在天边遥不可及，更不用怀疑自己的能力，放弃努力。只要做了，我们总能改变一些现实，实现一些想法，离成功更近些。

大学毕业后，马云当了6年半的英语老师。期间他产生过办个翻译社的想法，于是他就办了，不过他只是用业余时间接了一些外贸单位的翻译活，几年忙下来没挣到什么钱，可是却闯出了一点名气。1995年，马云受浙江省交通厅委托到美国催讨一笔债务。

这趟美国之旅，马云虽然没能完成任务，却发现了一个“宝库”。在美国，马云第一次上了互联网，之后他在网上为自己的翻译社做广告，上午10点他把广告发送上网，中午12点前他就收到了6个e-mail，这让马云看到了契机，他当时就意识到互联网是一座金矿。

讨债失败后，马云回到了杭州。他想把中国企业的资料集中起来，快递到美国，找专业的设计者做个好一点的网页向全世界发布，然后向企业收取费用来获得利润。有了这个想法，马云找了一个同伴，又加上他的妻子，一共三人，他们用 2 万元启动资金租了间房，就开始了创业。这就是马云创办的第一家互联网公司——海博网络，该公司的产品是“中国黄页”。在当时的中国，知道“中国黄页”的人不多，但是在早期的海外留学生当中，很多人都知道“中国黄页”，只不过他们没有做出任何行动，只有马云采取了行动。

凭着自己不错的口才，在之后很长的一段时间里，马云经常在杭州街头的大排档里向人们推销自己的“伟大”计划。

那时候的中国，很多人还不知道互联网到底是什么东西，他们认为马云一定是个骗子。但是，马云并没有因为大家的不理解而束缚自己的手脚，1995 年马云把广告做到了中央电视台。当时有个编导见到马云后跟记者说：这个人不像好人，是不是个骗子呀！不过马云并没有因此而受到打击，相反他仍然像“疯子”一样不屈不挠地坚持做自己认为对的事情，他天天都在提醒自己：“互联网是影响人类未来生活 30 年的 3000 米长跑，你必须跑得像兔子一样快，又要像乌龟一样耐跑。”

1996 年，马云的网络公司不可思议地做到了 700 万！也就在同一年，互联网渐渐普及了，外经贸部同时也注意到了马云的公司。1997 年，马云被邀请到北京，参与开发外经贸部的官方站点，之后马云的创业思路渐渐成熟：用电子商务为中小企业服务。这一次马云说干就干，回到杭州后不久马云就创办了“阿里巴巴”网站。

当初离开北京时马云对同伴们说：“我要回杭州创办一家自己的公司，从零开始。愿意同去的，只有 500 元工资；愿意留在北京的，可以介绍去收入很高的雅虎和新浪。”经过 3 天的考虑，部分人同意和马云同行，他们决定：“我们回杭州去，一起去！”

几个月后，阿里巴巴网站开始在商业圈中声名鹊起。马云继续乐此不疲地挥舞着他的双手，到世界各地演讲："B2B 模式最终将改变全球几千万商人的生意方式，从而改变全球几十亿人的生活！"

之后，正如马云"疯子"一样的行动速度，阿里巴巴也得到了飞一样的发展，马云的财富也随着时间的流逝像滚雪球一样越滚越大，马云成功了，他成功地成为了人们眼中闪亮的明星。

试想在最初见识到网络时，马云也像当时的其他留学生一样对网络的作用视而不见，或是明明知道网络的前景却没有付出实际行动去开发网络资源的话，那么估计现在大家都还不知道马云究竟是谁呢?

或许我们没有马云的机遇和天赋，但是只要我们努力，那么我们就能有所收获，要知道时间不等人，机会错过就不再来，如果我们都像上述那个孤独人一样相信"有了电话，朋友就来"的话，那么我们只会离成功越来越遥远。只有行动起来才能更快地接近成功，哪怕只是像个钟表一样"滴答"，我们也有转 3200 万次的时候。

积极主动的人才能更靠近成功

让•保•里克特曾经说过："只有行动才能给生活增添力量。"不能否认，善于积极主动抓住机会的人，就会让自己的生活过得丰富多彩，更容易取得成功。积极主动不仅仅是一种心态，还是一种可以将你推向成功的动力。

机会，寻可得，坐可失。我们要想得到它，必须积极地寻找，敏锐地识别，果断地抓住，准确地利用。而决不能只把希望寄托在那些偶然事件上，抱着守株待兔的侥幸心理消极地等待机会。

有一个人有一天晚上遇到上帝，上帝告诉他说，有好事要在他身上发生了，他马上会有机会得到很大的一笔财富，而且将在社会上获得卓越的地位，并将娶到一个漂亮的妻子。

这个人兴奋极了！在回家后就一直等待着这些好事的发生。

10年过去了，什么事也没发生。

20年过去了，依旧什么也没有发生。

……

直到死，这些好事也没有降临到他的头上，他穷困潦倒地过完了孤独的一生，最后甚至沦为乞丐，饿死在路旁。

这个人死后来到了天堂，怒气冲冲地质问上帝："你曾经说过我会拥有很多的财富，会在社会上有很高的地位，还会有一位如花似玉的妻子，可你看看，我在世上什么都没有得到，穷困孤独地过了一辈子，你为什么要骗我呢？"

上帝回答他："我没有骗你。我只说过要给你得到财富的机会，得到一个受人尊重的社会地位的机会，拥有一个漂亮妻子的机会，可是你让这些机会白白从你身边溜走了。"这个人大惑不解，他说："我不明白你的意思。"上帝说道："你还记得你曾经有一次想到一个非常好的主意，但是你因为害怕失败而不敢去尝试吗？"这个人点点头。

上帝接着说："因为你没有采取行动，这个主意在几年以后被另外一个人想到了，那个人毫无顾忌地去做了，他后来变成了全国最有钱的人。还有一件事情，你应该记得，有一次发生了大地震，城里几乎所有的房子都毁了，有好几千人被压在倒塌的房子里。你有机会去帮忙拯救那些幸存的人，可是你害怕小偷会趁你不在家的时候，到你家里去偷东西，你以这为借口，守着自己的房子，没有去帮那些需要你帮助的人，这件事情你应该还记得吧？"这个人不好意思地点点头。

上帝说："如果当时你去救人，你有拯救几百个人的机会，那可以使你在城里得到多大的尊崇和荣耀啊！可是你也把这个机会错过了。"

"还有，"上帝接着说，"你记不记得有一个长头发的漂亮女子，你曾经非常非常喜欢她，你从来不曾这么喜欢过一个女人，后来再没有碰到过像她这么好的女人。可是你害怕她可能会不喜欢你，害怕她拒绝你的求婚，就让她从你身旁溜走了。”这个人又一次点点头，流下了眼泪。

上帝叹息着说：“我的朋友啊，就是她！她本来应该是你的妻子，你们将会生下好几个漂亮的小孩，而且和她在一起，你的人生中将会有许许多多快乐的时光。”

于是，这个人泣不成声了。

看了这个故事，有些人可能就要对号入座了，因为在现实生活中，不乏这样的人，总是在等待，而不是积极主动地寻找机会。其实，在我们身边每天都有许许多多的机会，有成功的机会，有获取荣誉的机会，有得到爱情的机会，可是我们因为不积极主动往往与机会失之交臂。

很多时候，机会就摆在我们的面前，而我们却因为懒散、悲观、被动，让闪烁着金光的机会悄然溜走，这时我们就会怨天尤人，痛斥命运的不公，越是这样，机会走得就越远。如果懂得反省，再积极主动一点，机会就会靠近我们，引领我们走向成功。

陈天桥 1995 年大学毕业后开始接触网络游戏，后来他被分配到了一家不错的事业单位，但是他对网络游戏的激情丝毫不减，甚至在工作期间也常常沉迷于对网游的思考中。

后来，为了更好地研究网游，他毅然辞去了不错的工作，与妻子、弟弟、同学等一起凑了 50 万元创办了一个叫盛大网络的网站。刚开始他们只做卡通形象，后来网站不断发展，到 2000 年的时候，他们获得中华网 300 万美元的风险投资。到 2001 年的时候，恰好韩国网游公司娱美德来上海寻找合作伙伴，陈天桥费尽全力拿到了这家韩国游戏厂商的代理权，但却得不到原投资商的认同，最后，因为分歧得不到统一，只好分道扬镳，公司陷入了绝境。

但陈天桥并没有因此而气馁，相反他积极地为自己的前途寻找突破口，公司虽然没有钱，但他却要强行运营这个游戏。于是他就拿着与韩国公司签署的两份合同，主动找到戴尔等服务器厂商，提出了试用服务器两个月的请求，戴尔见他口气这么大，还以为他是大客户，就同意了他的请求。陈天桥又拿着这两份合同去找中国电信，让其提供测试器的宽带试用。

于是，在2001年9月，公司的大型网络游戏《传奇》终于开始公测了。2001年11月，游戏开始收费，仅仅一个月就奇迹般地收回投资，两年以后，陈天桥已经是中国的首富。

我们从陈天桥的成功看到了积极主动的成效，面对机会的时候，他没有袖手旁观，面对挫折的时候，他没有萎靡不振，面对成功的时候，他没有骄傲自大。

机会只给有准备的人，所以当机会来临的时候，他丝毫没有犹豫，也没有客气，牢牢地抓住；当眼前似乎没有机会，似乎已经陷入穷途末路之时，他也没有气馁，搜肠刮肚去寻找机会、创造机会，于是他成功了。他的成功看似偶然，其实是必然的，他在心态上积极，行动上主动，绝不会被貌似强大的困难吓倒，尽管眼前“山重水复疑无路”，可在他的努力下，终于“柳暗花明又一村”。

我们试想一下，如果陈天桥在面对绝境的时候，整天借酒消愁，一蹶不振，沉湎于失败当中，那么今天受广大游戏爱好者喜欢的《传奇》就不会出世了。

因此，我们要以积极向上的心态主动地抓住机会，创造机会，迎接挑战，才能创造出更加辉煌的明天。

谁都可以拥有意义非凡的人生

每个人都有自己的活法。拥有意义非凡的人生，并不是让自己去做那些做不到的事情，而是在生命中找到自我、实现自我，学会在平凡和不平凡之间，活出真正的自己。

爱默生曾经说过，一个人就是他成天想象的那种样子，他怎么可能成为另一种样子呢？

一旦知道你在想些什么，自然而然也就知道了你到底是一个怎样的人，因为每个人的特性，都是由其思想造成的。正确积极的思想对一个人的生活与成功意义非常巨大。你的思想决定你的行动，你的行动决定别人对你的看法，因此，你必须拥有正确积极的思想，相信自己能够拥有意义非凡的人生。

“信心是永恒的特效药，它赋予思想以力量和生命。”信心是一种非常神奇的东西，有了信心的指导就能够创造出许许多多的奇迹。信心是一种深远、本能的精神力量，它可以激励人不断地前行。有信心的前提是充分地相信自己，相信自己背后无限的力量。相信了这些就打开了能量的阀门，就打开了希望的天空，于是一切就有了新的可能，就会有新的超越。

世界上没有两片完全相同的叶子，同样，也不存在另一个你。也许你并不是最优秀的，但的的确确是独一无二的。

孤儿院里有一个小男孩，他非常悲观，常常这样问孤儿院的院长：“像我这样没爹没妈的孩子，活着究竟有什么意思？”院长对小男孩的问题总是笑而不答。一天，院长交给孩子一块奇石，让他拿到市场上去卖，但不是“真卖”：无论别人出多高的价钱也不卖。在市场中孩子惊奇地发现，不少人对他的奇石感兴趣，出的价格也是水涨船高。过了几天，石头的价钱还在不断上涨。最后，当石头被拿到宝石市场上时，石头的身价又涨了10倍，更因为男孩怎么都不卖，竟被传为“稀世珍宝”。

后来，孤儿院的院长这样对小男孩说：“生命的价值就像这块石头一样，在不同的环境下有不同的价格。一块不起眼的石头，由于你的珍惜而提升了它的价值，竟被传为稀世珍宝。你不就像这块石头一样吗？只要自己看重自己，珍惜自己，生命就有价值，人生就拥有非凡的意义。”

最精彩的人生，就是能够在生活中自由自在地挥洒、勇于选择和不推卸人生的责任。最美丽的人生，就是要捕捉生命中的点点滴滴，无论是平凡的或者是不平凡的。人生的精彩，不在那瞬间的惊艳，而在于细细咀嚼人生时所绽放的耀眼光芒。

把握自己的生命，高悬某种理想或信念，集中自己的全部精力，沿着一个明确的目标努力。有许多人庸庸碌碌，悄然逝去，这是因为他们自甘平庸，认为人生自有天定，却从没想到人生是可以被创造的。

第02辑

与其处处凑合，不如放手拼命一搏

生活的状态有很多种，“将就”地活着是最低级的一种。因为你若对人生有了一份将就，人生就会缺少进取和财富，生活就会少几分尊严，也缺乏快乐和幸福，更谈不上有所成就。拼命一搏，你的未来一定好于现在。在这部分内容里，我们将会看到，人如何才能打破自我，活得更加精彩。

走出去闯一闯，你的未来更精彩

好多人在将就凑合中生活，面对越来越多的不顺，进而自怨自艾。既然你什么都没有，而又渴望有更美好的人生，那还顾忌什么呢？拿出勇气，放手一搏！失败了，你还是过着最差生活的你；成功了，你就改变了自己的命运。所以说，与其苟且偷生，何不放手一搏？这样，你不仅会改变生活，更可以成就人生。

一口枯井里住着三只蛤蟆，一大两小。井里只剩一滩污水，还有偶然闯入井里的飞虫，它们只靠这些维持着生命。最可怜的是两只小蛤蟆，不仅日子穷苦，还时常受大蛤蟆的欺负。

一天，大蛤蟆又欺负了两只小蛤蟆。一只小蛤蟆对另一只小蛤蟆说："我们想办法离开这儿，不然，我们永远没有出头之日。"

另一只小蛤蟆说："兄弟呀，我也知道这儿的日子不好过，但水还是够用的，偶尔还有飞虫进来，虽然我们经常被欺负，但至少还可以活命呀。"

"不，我想离开这儿！"小蛤蟆说。

"别妄想了，知道外面的世界是个什么样子吗？说不定还不如这儿呢！再说，你惟一可以出去的办法，就是跳到人类的打水桶里，人把你捉住，还不知道会对你怎么样呢！"另一只小蛤蟆说。

小蛤蟆没有说话。

一天，一位农夫从井里打水浇地，小蛤蟆毅然跳进打水桶里。善良的农夫没有为难这只可爱的小蛤蟆，将它放到了田野里。

田野里风光无限，小蛤蟆过着快乐的生活。而在井里的那只小蛤蟆，依然守着一滩污水，继续过着食不果腹、饱受欺辱的日子。

好多人的境遇就像那两只小蛤蟆，一些人在抱怨时乖运蹇、犹豫彷徨之时，另一些人已经开始振作精神、放手一搏。于是，前者继续过着毫无生气的生活，后者却成了最大的赢家。

越来越多的人为了梦想而离家远行，他们北上南下地寻找人生方向，于是有了"北漂"，有了"港漂"。每一个漂泊者，都有自己的故事，或许充满荣光，或许饱含辛酸，或许平平淡淡。但无论结局如何，他们都很少后悔自己的选择。所以，现在最需要的就是一个人过一段沉默而执拗的日子，沉浸在充满力量的奋斗和努力中。

新东方创始人俞敏洪曾经这样说道："我发现成功人士都有一个特质，那就是不安分，敢于闯荡。比如我父辈当中的很多成功者，都是随着改革开放放弃了原来的铁饭碗，只身闯荡江湖的。但这绝对不是什么'懂得放弃'的精神，而是因为他们不安分，不满足于眼前安稳的现状。我就遗传了这样的不安分基因。"

他还说："我不喜欢按部就班地生活，安逸让我心里不安分。其实北大已经给了我很大的自由，因为一周才上 8 小时的课，这之外就全是我自己的时间。每个月的奖金和工资还照拿，基本就是挺安逸的。要按这个模式走下去，就是一个挺安定的生活。但后来我又想，这也不太符合我的个性。因为我在外面尝到了甜头，看到在外面一个月可以赚到北大 10 个月的工资，这样我心里就不安分了。"

就这样，从北京大学辞职的俞敏洪冬天顶着寒风，夏天冒着烈日，骑着自行车在北京的大街小巷里贴小广告，在一座漏风的违章建筑里，创办了新东方英语培训学校。

后来，新东方成功登陆美国主板证券市场，俞敏洪的身价在一夜之间升至 2.42 亿美元，他也成为了中国有史以来最富有的教师。

很多人都喜欢讨论比尔·盖茨、乔布斯等人的成功之道。抛开技术层面和营销方面不谈，从本质上说，他们两个都是不安分的人，都曾趁着年轻出来闯荡社会，"想给这个世界带来点新的东西"。只因为这样，他们才能在尚未兴起的个人电脑上做出巨大贡献。两个人连大学都没上完就去创业了，有多少人能做到这一点？一个循规蹈矩、安分守己的人，绝对不会为冒险付出任何代价。不敢走出去的人，永远不会想到另辟蹊径。

在美国南北战争前，时局动荡不安，各种令人不安的消息不断传出。人们都在忙着安排自己身边的事情，忙着安排自己的家庭和财产。洛克菲勒却没有宅在家里数钱，而是利用自己的全部智慧思考如何从战争中获取附加利益。他想：战争会使食品和资源匮乏，会使交通中断，使商品市场的价格急剧波动。这不就是金光灿烂的“黄金屋”吗？走进去，一定满载而归！

那时候，洛克菲勒仅有一家4000美元的经纪公司，他决定豁出一切去拼一下。在没有任何抵押的情况下，洛克菲勒用他的设想打动了一家银行的总裁，筹到了一笔资金。然后，他便开始了走南闯北的生意之路。一切都如他预想的那样，第4年，他的经纪公司的利润已经高达1万多美元，是预付资产的4倍。在第一笔生意结账后不到半月，南北战争爆发了，紧接着，农产品价格又上涨了好几倍。洛克菲勒所有的储备都为他带来了巨额利润，他的财富就像滚雪球一样越滚越大。

经过了这件事，洛克菲勒体会到了：成功的关键在于敢于投身进去拼搏闯荡。

有人说：“趁着年轻出去闯一闯、拼一拼吧，世界上最悲惨的事情莫过于总安于现状地宅在家里不思进取。”满足于平庸生活的人是可悲的，当他满足于现有的生活时，他就已经开始退化了。敢于闯荡的人总会发现一些新的东西，或者说创造一些新的东西，并且总能想到别人想不到的地方。敢为天下先，这是成功的必要条件。

现有的生活可能很舒适，那种舒适的诱惑和对困难的恐惧确实让很多人停下了奋斗的脚步。但年轻就是用来闯荡的，在自己青春年少时享福，是一种罪过，因为当老了的时候，再想去闯，就闯不动了，“再不疯狂就老了”。

不安于现状，才能在未来改变自己

俗话说："再穷不能穷三代，再富也不能富千年。"没有人愿意始终生活在穷困中，穷只是一个人的暂时处境。

为什么我是穷人？我怎样做才能致富？聪明的穷人每天都在思考这些问题。这种无穷的渴望改变了一代又一代的穷人。为此，他们努力学习科学技术，用知识来武装头脑，用学问来改变命运。

俞敏洪曾回忆自己创业初期的故事：

我认为我弃教从商的决定，在一定程度上归功于妻子没完没了的唠叨。突然有一天我听到一声大吼："如果你不走出国门，就永远别进家门！"我一哆嗦后，立刻明白我的命运将从此改变。

我发现，一个女人结婚以后最大的能力是她自己不再进步，却能把一个男人弄得很进步或很失败。

老婆的一声吼远远超过一切的力量，从那时开始，我就被迫为了出国而努力学习。我化压力为动力，化被动为主动，终于考过了TOEFL，又战胜了GRE，尽管分数不算很高，但毕竟可以联系美国的大学了。去美国至少需要十几万元人民币，在那个时候，这可是一个天文数字。

我老婆是天津的，我是江苏的，我在长江边上，她在海河边上，所以我俩都喜欢吃鱼。我们两个都是大学里的普通老师，因为没有钱，我当时买鱼就专买死鱼，因为死鱼只要两块钱一斤或一条这样子，活鱼则要六七块钱。

我记得的一个转折就是，我到外面为培训机构代课，开始是一两百块钱一个月，后来就变成了六七百块钱一个月。当时我老婆在中央音乐学院工作，我们住在北大的宿舍里面，所以晚上一般就我负责做饭。记得有一次她下班回来以后，发现鱼汤是用活鱼做的，非常开心。那天晚上好像就成了我俩生活的转折点，从此以后她开始变得对我温柔了，因为我们能吃到活鱼了。

很多人之所以处于贫穷的漩涡中走不出来，常常不是因为外界给予他们的打击，而是因为他们自己选择了安于现状，失去了前进的动力。选择安于现状，美好的未来就会沉入海底；选择打破现状，就会拥有美好的前景。

成功学家说："没有做不到的事，只有不会变通的人。"正所谓没有变化就没有生机，没有变化就没有发展。我们贫穷，就在于我们一直死守贫穷的现状。穷人懂变通才能致富，"变"的方向和路径的选择，往往能决定生活质量。

福勒出生在美国路易斯安那州一个贫困的黑人家庭，他从5岁时开始参加劳动。福勒的大多数伙伴都是佃农的孩子。这些家庭认为贫穷是命运的安排，因此，他们并不努力改善自己的生活。

小福勒与其他的孩子有一点不同：他有一位不平凡的母亲。福勒的母亲不肯接受这种贫穷的生活，时常对自己的儿子说："福勒，我们不应该贫穷。我不愿意听到你说：我们的贫穷是上帝的意愿。我们的贫穷不是上帝的缘故，而是因为你的父亲从来就没有产生过致富的愿望。"

"贫穷是因为没有人产生过致富的愿望"，这个观念在福勒的心灵深处刻下了深深的烙印，最后改变了他的一生。福勒决定把经商作为生财的一条捷径，最后选定经营肥皂。于是，他挨家挨户地推销自己的肥皂达12年之久。

当有人与福勒一起探讨获得财富的成功之道时，他就用他母亲多年以前说的那句话来回答："我们是贫穷的，但不是因为上帝，而是我们从来没有想到改变。"

世间大部分的贫穷，都是人们不思变的结果。如果我们坚决要求改变，并且不断地奋斗，总有一天我们都能够摆脱贫困。我们一定要改变自己的思维，改变自己的眼光，不要拿“保守”来给自己安于现状的心找借口。

未来的你最怕现在安于现状，所以你必须要有“革命”的精神。突破现状，是改变未来命运的动力。不满现状的开拓者才能获得财富，只有不满于现状的人才能有美好的未来。突破现状，需要相当的勇气才能做到，因为维持现状比较容易，而且不会产生麻烦。

一般人都有一种想法，以过去的方式生活照样能过下去，所以他们不会轻易改变。观念保守者决不愿意蜕变。但是维持现状，不求改变，总有一天人生会走下坡路。

为未来去创业，永远都不会晚

未来怎样，就看你怎样去做。当作一项事业来经营你的未来，这是最完美的设计。谁愿意一辈子打工呢？谁不想当老板呢？可以说，只有自己创业，才会走向成功。世界很大，人生很短，唯有以做事业的心态去开拓未来，才会有丰盈的人生。

18 岁的大一学生迈克·戴尔登记注册了“戴尔电脑公司”，开始投入到自装自销电脑的生意中；19 岁的比尔·盖茨辍学后着手实践他那富有预见性的梦想而创立了微软公司；20 岁的史蒂夫·乔布斯在车库里办起了苹果公司；同样，不到 30 岁时在车库里开始自己伟大事业的还有谷歌的两位创始人拉里·佩奇和赛吉·布林，以及他们最新收购的 YouTube 网站的两位创始人——27 岁的华裔陈士骏和 29 岁的查德·赫尔利。

不知不觉，创业似乎跟“年轻”产生了密不可分的关系。有研究者指出，开始创业的最好年龄段是29岁。哈佛商学院杰弗里·蒂蒙斯的统计显示，高潜力企业的创业者平均年龄为35岁左右。总之，无论29岁还是35岁，人们认为创业必须趁青春有效期截止以前行动，否则，你将被打上“过期”的烙印。现代社会已经进入互联网时代，满眼青春逼人的IT新贵，他们的成功来势汹汹，这让人愈发紧迫地感觉到，创业要趁早。

如果人类的创业青春最多在40岁上就要划上句点，这难免有些令人沮丧。尤其是对那些已近不惑之年、花甲之年的人来说，商业之门果真要就此关闭吗？年龄真的会成为一个充满创业热情的中年人，甚至老年人挑战自我的死穴吗？

其实，创业者不要因为自己的年龄问题而焦躁不安，年龄不是创业的羁绊。只要有创业的信念和必胜的信心，无论何时都可以开启自己的创业之路。

2009年，1961年出生的李开复已年近知天命之年，照理说，这位叱咤商界多年的“老人”应该早早地“退休养老”、自由地支配自己的时间与生活了。但是令人想不到的是，他断然拒绝谷歌开出的高薪，亲自来北京开办了创新工场，开启了自己的创业之路。这不得不让人惊讶并为之折服。

李开复说，创业不仅要看年龄，创业者们还要知道，创业成功的关键要素——创意、远见、自发性，并不存在具体的年龄限制。我们同样可以找到很多大器晚成者的成功范例：玫琳凯·艾施，45岁退休后投入了半生的积蓄，在一家不到50平方米的小店里开创了如今全球知名的化妆品集团玫琳凯化妆品公司；雷·克劳克，麦当劳创始人，52岁开创快餐连锁模式，花270万美元买下麦当劳餐厅的所有权，并将之推向全美国；山德士上校，肯德基之父，66岁开始二次创业，1009次的推销失败也丝毫没有动摇他对成功的追求。

在这许多的“老年创业者”中，与李开复有相似经历的是托德·巴切。

托德·巴切担任苹果公司应用软件副总裁，在职期间，他非常崇尚创新，这让他成为苹果公司最有前途的人。但54岁的巴切始终怀着一个希望，那就是能创出一项属于自己的事业，因此当他发现价值10亿美元的极具潜力的消费市场时，他看到了一个十分美好的未来。

这个引起他关注的市场就是密码锁行业，虽然这不是一个高科技行业，但巴切创新地使用字母代替数字。“数字式的‘左—右—左’类型的锁早在1862年就发明了，直到现在都没有多大的变化。在你的生活中，很少能发现还在使用1862年技术的东西吧。”托德·巴切说。

托德·巴切和他的妻子开发了最初的产品交给一家公司进行试销售。很快，市场有了很好的反馈，2007年1月，他们两人相继辞职，集中精力经营自己的事业。第一年他们的公司就设在位于加利福尼亚州圣克拉拉的家里，资金也是自筹的，但2008年公司业务飞速增长。2008年第一季度，开发的产品在900家零售店中出现，到第二季度末，增长到了1.2万家，到2009年达到5万家。

成功后的托德·巴切说：“当产品属于你自己而不是其他公司，看着它从你头脑中的创意变成放在货架上的产品，这种感觉真美妙。”

李开复和以上这些“老年创业者”们虽然具体从事的行业不一样，经历也千差万别，但是他们的创业理念是相同的，他们富有创业的激情，他们拥有惊人的毅力和智慧，他们不认为创业是年轻人的专利。他们最终做到了，他们的成功也向所有的创业者证明了“创业永远不会太晚”的论断。

所以，对未来的设计，什么时候都不晚。人最可怕的是满足现状，害怕未来不如现在，殊不知，只要你敢于去拼，你的未来就会比现在更好。

为了你的明天，请勇敢地接受挑战

挑战，不仅意味着对一个人勇气的考验，还意味着对一个人能力的考验。挑战的事情往往会超出人的能力范围，当一个人试着接受挑战的时候，他得到的不仅仅是成功的喜悦，还有成功的明天。

查尔斯•施瓦伯是钢铁大王卡内基手下的得力干将。一天，工厂的一位经理来到他的办公室，向他抱怨自己的工人工作效率低下，无法按时完成生产任务。这位经理向施瓦伯说道："我曾经以奖金诱惑他们，以言语激励他们，甚至用开除这样的惩罚来威吓他们，但是不论怎样威逼利诱，他们就是无法按时完成生产任务。"

施瓦伯听完经理的抱怨后，直接去了工人的生产车间。他向其中一位工人问道："今天，你们这个小组生产了几台产品？""6 台。"工人回答道。施瓦伯听到后，就在地板上写了一个醒目的"6"字，然而头也不回地走了。

当上夜班的小组来到车间时，他们看到了地板上的"6"字，便向下班的同事询问是怎么回事。一位同事对他们说："老板今天过来视察，问我们生产了几台产品，我们告诉他 6 台，然后他就在地板上写了个 6 字。"

夜班小组知道了事情的原委，于是在他们早晨下班时，地板上的数字变成了"7"。

之后，上白班的同事发现了数字的变化，就更加起劲地工作。到晚上下班的时候，地板上的数字就变成了"10"。

就这样，这个车间的生产效率大大地提升了上来。当经理向施瓦伯询问他到底用了什么方法做到时，施瓦伯笑着说："如果想要任务圆满完成，就要在工人中间激起相互挑战的欲望。如果激起了他们超越对手的欲望，他们便会互相挑战，最终，就可以优质高效地完成既定的任务。”

挑战，激发了一个人取胜的欲望。当一个人想要通过挑战证明自己的时候，他便会更加努力，会想方设法地提高自己的执行能力，从而赢得属于自己的美好未来。

当刘易斯•劳斯面对纽约州长艾尔•史密斯的邀请时，他一时不知道该如何是好。原来史密斯想让劳斯担任星星监狱的监狱长。这对劳斯来说，不能不算是一个巨大的挑战。要知道，星星监狱是美国最臭名昭著的监狱。这座监狱位于魔鬼岛的西部，管理不善，黑幕和丑闻时有发生。不仅如此，星星监狱也是政治斗争的一个漩涡，这里的监狱长一再地更换，其中一位监狱长在职仅仅 3 个星期。

面对着这样棘手的挑战，劳斯陷入了沉思之中。对于他来说，接受这个挑战就意味着一次巨大的冒险，可能使他付出惨重的代价，但是也可能给他带来丰厚的回报。经过一番利弊的权衡，劳斯决定接受这个挑战。

在劳斯出任监狱长期间，他采取了恩威并施的手段：一方面给予罪犯“人道化”的待遇，另一方面则采用铁血政策，以铁腕治理囚犯。依靠自己灵活多变的治理手段，劳斯成为了美国最著名的监狱长。此外，他撰写的《星星两万年》也成为了美国的畅销书，销售了几十万册。

当挑战来临的时候，一些人选择了退缩，而聪明的人却往往能够从挑战中发现利好的信息，或许这就是为什么成功者喜爱挑战的原因吧。他们喜欢这种通过竞争、通过征服来表现自我的机会。在挑战中，他们战胜了竞争对手，超越了自己的能力极限，证明了自己的存在价值。

所以，像那些成功者一样，勇敢地接受挑战吧。你会发现通过挑战，自己将变得更强；通过挑战，自己将会对胜利持有更强烈的渴望；通过挑战，自己将喜爱上挑战。挑战，不仅会改变现在，更会让你拥有一个风生水起的未来。

敢于破釜沉舟，才能绝处逢生

俗话说“置之死地而后生”，意思就是：斩断自己的后路，让自己陷入绝境中，往往可以创造出奇迹。人们为未来打拼时，总想着要给自己留条后路，进可攻，退可守。这是一种比较谨慎的做法，但这种做法常会导致一个人失去进取心，所以必要的时候，我们应该主动斩断自己的退路，破釜沉舟的人往往能够绝处逢生。

有一个年轻人大学毕业后开始在北京求职，但由于他所学的专业实在太冷，半年过去了，仍未找到工作。他的老家在一个偏僻的山区，为了供他上大学，家里已经拿出了全部的钱，他不好意思再向家里伸手了。

2000 年 6 月的一天，他终于弹尽粮绝了，在那个阳光和煦的午后，年轻人在大街上漫无目的地走着，路过一家大酒楼时，他停住了。他已经记不清有多久不曾吃过一顿有酒有菜的饱饭了。酒楼里那光亮整洁的餐桌，美味可口的佳肴，还有服务小姐温和礼貌的问候，令他无限向往。他的心中忽然升起一股不顾一切的勇气，于是便推开门走了进去，选一张靠窗的桌子坐下，然后从容地点菜。他简单地要了一份肉烧茄子和一份扬州炒饭，想了想，又要了一瓶啤酒。吃过饭后，又将剩下的酒一饮而尽，他借酒壮胆，努力做出镇定的样子对服务员说：“麻烦你请老板出来一下，我有事找他谈。”

老板很快出来了，是个四十多岁的中年人。年轻人开口便问：“你们要雇人吗？我来打工行不行？”老板听后愣了：“怎么想到这里来找工作呢？”他恳切地回答：“我刚才吃得很饱，我希望每天都能吃饱。我已经没有一分钱了，如果你不雇我，我就没办法还你的饭钱了。如果你可以让我来这里打工，那你就有机会从我的工资中扣除今天的饭钱。”

酒楼老板忍不住笑了，向服务员要来他的点菜单看了看说：“你不贪心，看来真的只是为了吃饱饭。这样吧，你先写个简历给我，看看可以给你安排个什么工作。”

此后，这个年轻人开始了在这家酒店的打工生涯，历尽磨难，他从办公室文秘做到西餐部经理又做到酒店副总经理。再后来，他集资开起了自己的酒店。

在非常时期，人要有点非常思维和非常勇气的。在最后关头，惟有抱着破釜沉舟的决心，才能绝处逢生。故事中的年轻人敢到酒楼里吃“霸王餐”，并以一种奇特的方式向老板推荐自己，这都是因为他知道自己身无分文，已经没有退路了，所以才有了这种不顾一切的勇气，可以说他的成功其实是有一点偶然性的，我们可能永远都碰不上这样的情况，但必要时要拿出勇气斩断后路，逼自己更快地走向成功。

王小强在20世纪80年代中期创办了一家服装厂，正赶上发展的好时候，那几年结结实实赚了不少钱，等到20世纪末时，他的服装厂规模已经非常大了，但利润却逐年下降，几乎到了入不敷出的地步，原因是服装市场的竞争越来越厉害，而服装厂生产的服装已经跟不上时代潮流了。经过几天的反复琢磨，王小强决定破釜沉舟，大干一场。他不顾妻儿的反对，取出了所有的存款，然后召开了全厂职工大会，会上他果断地宣布停止现有服装样式的生产，请设计人员重新设计样式，全厂职工都可以提出自己的想法，设计被采纳的人，可获重奖，他沉重地说：“这是我们最后的机会了，我拿出自己的全部存款搞设计，如果失败了，我就是一个一无所有的穷光蛋，而你们也将失业。但如果成功了，我就会按功行赏，你们的生活也就有了保障。成败在此一举，大家一起努力吧！”这件事使全厂上下都振奋起来，采购人员买来了市面上能找到的所有款式的服装，设计人员不分昼夜搞设计，职工纷纷提出自己的意见，从样式、布料，再到裁剪，给设计人员提供了不少灵感，有时一天竟拿出20多套设计方案，一些职工还自发地跑上街头搞调研，看现在的人究竟喜欢什么样的款式。而厂里的业务员更是拼尽全力拉客户。33天后，一批新款服装设计完成了，一些客户已经开始订货了，厂里的工人又开始加班加点生产服装……结果这些服装一上市就受到了顾客好评：款式美观，质量好，价格适中。订货的客商像潮水一样涌来，王小强的服装厂又复活了。

我们不得不佩服王小强的勇气和胆识，工厂陷入困境时，他本可以关闭工厂，遣散工人，这样做他还可以保住自己的存款，虽然失去了工厂，但一辈子还是可以衣食无忧。但他却不顾家人的反对，彻底断了自己的后路，跟员工一道为工厂的未来而努力奋斗，最终取得了辉煌的胜利。其实把自己推向绝路并不代表必死无疑，不给自己留下退路，就没有了多余的顾虑，必将勇敢前行。人在面临危险、绝望之际，往往会爆发一股无穷大的威力，因此会取得出人意料的成功。

爱惜生命、物品和金钱是人类的天性，但如果面临危险或困难时，还受这种想法的局限，那就会惨遭失败。“置之死地而后生，投之亡地而后存”，有时只有破釜沉舟，才能有柳暗花明的结果。

横下一条心，结果会大不相同

有一位作家说过：“世界上最可怜又最可恨的人，莫过于那些总是瞻前顾后、不知取舍的人，莫过于那些不敢承担风险、彷徨犹豫的人，莫过于那些无法忍受压力、优柔寡断的人，莫过于那些容易受他人影响、没有自己主见的人，莫过于那些拈轻怕重、不思进取的人，莫过于那些从未感受到自身内在力量的人，他们总是背信弃义、左右摇摆，自己毁掉了自己的名声，最终一事无成。”

一天，有一个恋爱中的年轻人很想到他的恋人家中去，找他的恋人出来一起玩一个下午。但是，他又犹豫不决，不知道他究竟应该不应该去，恐怕去了之后，或者显得太冒昧，或者他的恋人太忙，拒绝他的邀请。于是他左右为难了老半天，最后，他勉强下决心去了。

但是，当车一开进他恋人住的巷子时，他就开始后悔起来，既怕这次来了不受欢迎，又怕被恋人拒绝，他甚至希望司机把他现在就拉回去。

车子终于停在他恋人家的门前了，他虽然后悔来，但既来了，只得伸手去按门铃。现在他好希望来开门的人告诉他说："小姐不在家。"他按了第一下门铃，等了3分钟，没有人答应。他勉强自己再按第二下，又等了2分钟，仍然没有人答应。于是他如释重负地想："全家都出去了。"

于是他带着一半轻松一半失望回去了，心里想：这样也好。但事实上，他很难过，因为这一个下午没法安排了。

你能猜到他的恋人当时在哪里吗？他的恋人就在家里，她从早晨就盼望这位先生会突然来找她，带她出去消磨一个下午。她不知道他曾经来过，因为她家的电铃坏了。那位先生如果不是那么瞻前顾后，如果他像别人有事来访一样，按电铃没人应声，就用手拍门试试看的话，他们就会有一个快乐的下午了。但是他并没有下定决心，所以他只好徒劳而返，让他的恋人失望。

瞻前顾后的行动习惯使人丧失许多机会。很多时候，很多事情，如果能横下一条心去做，事情的结果就会大不相同。

有个人听说某公司招考一个职员，这公司的待遇优厚，远景也好，他很想去试试。但是他怕自己能力不够，又怕万一考不取丢脸。于是他犹豫着，没有下决心。直到最后，他发现另外一个比他条件差得远的人居然考取了，他才后悔自己为什么不去试一试。

许多事是应该用勇气和决心去争取的。有一位公司经理，他有着不允许别人有机会扰乱他意志的优点。当别人还在他旁边啰啰嗦嗦地叙述事情的困难的时候，他已经把他的办法拿出来了，干净利落，决不拖泥带水。

他那种明快果决的本领，十分令人折服。而我们一般人，却常常做不到这样。当我们遇到问题的时候，通常并不是对问题本身不能理解，而是我们往往被枝节的问题所困扰，因为我们太容易被周围人的闲言碎语所动摇，太容易瞻前顾后、患得患失，以至于给外来的力量一种可以左右我们的机会。谁都可以在我们摇晃不定的天平上放下一颗砝码，随时都有人可以使我们变卦，结果弄得别人都是对的，自己却没有主意。这真是成功途中的一个大障碍。

要想扫除这种障碍，首先得训练自己对真理的判断能力。但最重要的还是要训练自己在判断之后，坚定、勇敢、自信地去把这个判断付诸行动。

坚决朝向自己的目标走着的人，别人一定会为他让路；踟蹰不前、走走停停的人，别人一定抢到他前面去，决不会让路给他。

其次，经验证明以下方法卓有成效，不妨去试一下：做事时，要有“今天是我们生命中的最后一天”的“荒诞”意识。

“假如今天是我生命中的最后一天”，这是美国畅销书《世界上最伟大的推销员》的作者奥格•曼狄诺警示人生的一句话。真的，无论是谁，无论想干一件什么事，如果优柔寡断的话，就会一事无成。而这种意识，恰恰是一把利刃，可立即斩断你的忧思愁缕；也像一口警钟，督促你当机立断，刻不容缓。

再次，你还要甩下包袱不顾一切，要有一种豁出去的心态。“大不了就是做错了”，“大不了就是被人笑话”，而这些又能对你怎样呢？一旦你有了这样一种意识，肯定就会敢做敢当，优柔寡断的现象肯定会在你身上消失得无影无踪。

不要小看了优柔寡断的习惯给我们带来的副作用，许多足以改变命运的契机，都因为我们的优柔寡断而与我们失之交臂，永不再来。所以我们一定要提醒自己：时刻想到，时刻去做，不要想得太多。

沉醉于过去的辉煌，未来只会死亡

站在充满鲜花和掌声的领奖台上，那是值得你骄傲的。但是对于现在来说，那已经成为永远的过去了，别人不会永远记住你过去的风光，你也不要把那一次成功当成永远的成功和永远骄傲的资本，躺在那温暖的赞扬声里长睡不醒！

因事业取得了一定成功而骄傲，把一时的成功当成永久的成功，这样的人就会从此固步自封，止步不前，甚至前功尽弃。

我们常说，“好汉不提当年勇”，说的就是这个道理。但是，很多人常常不能走出曾经的辉煌记忆，沉浸于虚无的胜利幻想中。他们因为过去的一次成功就自我满足，眼前显现的永远是早已逝去的鲜花与掌声。所以，他们自视清高、目中无人，更有甚者，为了维护自己的所谓面子和虚荣心，非但自己不思进取，还伺机嘲讽别人的努力，最终导致了心理的扭曲。

有新闻报道，某大学一名男生自杀了！消息很快传遍了整个校园、整座城市，乃至全省。谁能相信他会自杀呢？四年前，他可是以全省第一名的成绩考入这所大学的。如此一个优秀的学生怎么会轻生呢？

熟悉他的同学、老师和老乡，都为他的轻率而倍感痛心。这所大学虽是重点，却一直鲜有省状元考进来。他进校后，学校领导、老师都非常重视。仅对他个人的宣传就搞了半学期，他成了全校的热点人物，简直是无人不知，无人不晓。

老师的宠爱、同学的羡慕以及一些人的吹捧，让他有了飘飘然的感觉。从此，他变了，从那个勤奋上进、谦虚好学的少年变得极其高傲，他想当然地认为自己就是最棒的。所以，他不像其他同学一样刻苦用心，他经常因为觉得老师讲得不好而不去上课，也从不参加集体活动，而是时常沉浸于武侠小说、言情小说的世界里混沌度日。

老师为他的滑坡而担忧，经常劝导他要戒骄戒躁。可是他总是把老师的话当成耳边风，他认为，自己这么聪明，对付那些考试是小菜一碟。就这样，虽然他从未在期末考试中挂“红灯”，但成绩平平。转眼到了大四，保研名单上自然没有他。于是，他终于不甘心起来，向全班同学宣称他要考上全国最著名大学的计算机硕士研究生。

从此，他开始起早贪黑地学习了。无奈，由于大学期间专业功底太差，最终他的成绩没有过线。这对于骄傲惯了的他来说，无疑是当头一棒，整个人彻底崩溃了，在成绩公布榜前默默伫立了很久。

当然晚上，宿舍的同学发现他没回来休息，也没太在意，以为他心情不好，去哪里散心了。可是，第二天一大早，人们在教学楼前发现了他的尸体。他的口袋里装着一份浸透了鲜血的成绩通知单和一份遗书。他说：“因为我知道自己再也骄傲不起来了，所以我选择了死亡。对我而言，没有了骄傲就如同剥夺了我的生命。”

一个年轻的生命就这样离去了。正是因为他一贯沉醉于自己曾经的辉煌，一旦幻梦变得支离破碎，他那颗习惯了被赞扬和追捧的心，便难以负荷以至于精神崩溃。有一位哲学家说过：“一个人若种植信心，他就会收获品德。而一个人若种下骄傲的种子，他必将收获众叛亲离的果子，甚至是不可预知的危险。”这位轻生的男同学自满自得，不懂戒骄戒躁，脚步一味地停留在原地，而虚荣心却日益膨胀，最终由于心理压力承受不住，使年轻的、本来该有所作为的生命走向了终结。可悲的是，直至死前他也未能明白自己失败的原由，他不知道，是骄傲害了他，是虚荣心害了他！

4 岁就懂得让梨的孔融，是家喻户晓的人物。小小年纪就出名，长大后先被提拔做了侍御史，后来又改任北海相，他以为自己既有才又有名望，所以待人傲慢，甚至多次戏弄辱骂曹操。他同其他官吏合不来，以致上怒下怨，被人诬陷想图谋造反，不但自己遭受杀身之祸，而且殃及两个儿子。

拿破仑是著名的军事家，也是一个只愿躺在过去的辉煌里不愿醒来的人。他率领的军队曾出奇制胜，所向无敌。可是胜利冲昏了他的头脑，战绩使他骄傲自大，使他目空一切，武断专横。他过高地估计自己，丧失了客观分析敌情的能力，终于导致了滑铁卢战役的失败，由战争之神沦为阶下囚。

大文豪王尔德曾说：“人们把自己想得太伟大时，正足以显示本身的渺小。”因为“人外有人，天外有天”，谁也不是常胜将军。让曾经的胜利、曾经的辉煌留在心底，闲来无事，偶尔拿出来玩味一下，实无不可。万不可把它当成永远的荣耀，从此止步不前。一个真正的智者，是不愿靠吃老本生存的，更不会原地踏步，而是力求“百尺竿头，更进一步”。

沉醉于自满自得，这是愚蠢的表现。过分的自我感觉良好，实际上是一种无知，它虽能满足一时的虚荣心，也常使人产生优越感和自我幸福感，但实际上是自欺欺人，最终只会导致心理变态和精神崩溃。

第03辑

接受委屈人生，才会拥有顺意明天

一个人要是争强好胜，不懂得进退之道，就会处处碰壁。人生就像一张弓，要是不弯曲，就不会产生能量，更不会射出利箭。人们常说：“性格决定命运。”当你学会妥协，学会接受委屈人生，那么，你就会像一张拉满的弓，产生巨大的爆发力。

适当地认输，最后赢的会是你

中国人都很爱面子，特别是喜欢在输赢上较真。有些人总是说胜败乃兵家常事，这是因为他们都不是当局者，对于当局者来说成王败寇才是规则。一场战争结束了，赢的一方欢天喜地，输的一方一定会有人沮丧、失望、伤心。比如说“力拔山兮气盖世”的项羽，在兵败乌江后选择了自刎，那是因为他知道战败被俘的结果，无非是悲惨的余生，反而不如一死清白。李清照也曾这样夸赞过项羽：“生当作人杰，死亦为鬼雄。至今思项羽，不肯过江东。”

然而，杜牧对项羽自刎乌江却有着不同的看法，他说：“胜败兵家事不期，包羞忍耻是男儿；江东子弟多才俊，卷土重来未可知。”如果当时项羽兵败后没有自刎，选择逃往江东，最后赢得天下的还会是刘邦吗？历史没有假设，这真的很难说清。所以，在人生的道路上，一定要从长计议，学会认输。

其实认输并不是一件丢面子的事，适时地认输反而是一种大智大勇的做法。当遇到困难和挫折，不得不去面对它们时，很多人都会尽力一搏，虽然这是一种很值得肯定的做法，但也并不是所有的努力都会有好的结果。当事实已经摆在了眼前，当失败已经成为定局，我们要学会低头认输，及时地改变自己的人生轨迹，去争取新的更合适的机遇和时间，这样才能够充分发挥自己的优势，争取更大的胜利。

在人们的固定思维中，认输的人都不是好样的，特别是当我们听多了永不言败、百折不挠、坚定不移等词语后，更是没有人会去认同认输的人了。

虽然在生活中不认输的精神很可贵，但是不认输并不适用于任何时候，在很多特殊的背景下，认输才是最佳的选择。只有懂得了低头，懂得了认输，学会认输，才能笑到最后，成为最后的赢家。

杨德勇是一位医术高超的医师，但他的成才之路却不平坦。他在第一次高考后不肯认输，又复读了一年，结果第二次高考仍然以失败告终了。两次落榜后，他认真地对父母说：“也许我并不是读书的料，所以才总是落榜，如果再继续考下去，我觉得也没有什么好结果。不如就让我认输吧，然后走行医的道路。”经过深思熟虑后，父母同意了他的想法，他开始跟着祖父学习祖传的推拿按摩技术，诊治跌打损伤。几年之后，他顺利地考取了执业医师证，并且在用中医疗法诊治骨伤方面，取得了重大成就。他说：“如果没有在高考时认输，也就没有我现在的成就。”如此看来，只有学会认输，才能在人生的旅途中成为最终的赢家。

认输就是适时地放弃，放弃不合适的才能做出更正确的选择，才能有机会取得其他方面的成功。这样的放弃，为的是得到更多，为的是酝酿新一轮的成功，而绝不是三心二意。

学会认输，能让我们不再做没有结果的坚持，能让我们避免没有意义的争论，从而做到以退为进，在转弯后赢得胜利。学会认输，并不是盲目地放弃，而是要认真想清楚每一步。适时地认输并不是懦弱的表现，也不是轻易地做出妥协，因为在生活中任何人都会遭遇失败，如果死不认输只会使自己陷入举步维艰的境地。

其实，有些时候认输会让人无法接受，因为在人们固有的认识中，只有弱者才会认输，谁愿意承认自己是个弱者呢？即使有永不言败的信念，但也应该明白有时候这种信念是行不通的，一味地不肯认输，只会让自己失败得更加彻底。

有一种生活在亚马逊热带丛林里的蜂鸟，它们有一种家规，即只准前进不准后退。一旦有弱小的蜂鸟向后退缩了，就会遭受其他蜂鸟的攻击，最终被同类活活地啄死。在整个丛林中，所有的动物都不敢欺负这种蜂鸟，因为它们只要有想吃的食物，就一定会得到。

在一次森林大火中，烈火燃烧了蜂鸟的大片领地，蜂鸟们悲愤地发出阵阵鸣叫。按照蜂鸟王的指挥，一群群的蜂鸟向烈火中冲去，死在了无情的火中，但是却没有一只蜂鸟临阵退缩。就在蜂鸟群面临灭族时，有一只蜂鸟害怕了，它尝试着退缩，但是却被蜂鸟王发现了。蜂鸟王立即指挥其他蜂鸟攻击那只退缩的蜂鸟，只是其他蜂鸟却并没有行动，甚至还有一小部分蜂鸟像那只蜂鸟一样退缩了，蜂鸟王的命令失效了。

在那场大火中，蜂鸟受到了灭顶之灾，蜂鸟王和大多数蜂鸟都死在火中，只有当时退缩的那一小部分蜂鸟活了下来，延续了蜂鸟族。如果当时没有那只肯退缩的蜂鸟，如今蜂鸟族也不可能存在了。

只有认输才能够保留实力，一位拳王曾经说过：“任何拳手都不可能打败所有的对手，而优秀的拳手知道在恰当的回合认输。因为及早认输，下次还有赢的机会；如果逞能，被对手打死或打垮，那么连赢的机会都没有了。”

面对压力重重的生活，因为有竞争，所以难免会有明争暗斗。有时可能会遇到不怀好意的小人，对付这种人，只会使自己变得和对方一样狭隘、不择手段。与其浪费时间和精力做无谓的争斗，不如早早认输，远离那些无意义的事事非非，保存实力用于正确的地方。

认了吧，委屈是常驻人生的魔鬼

在世上打拼的人，相信都有过这样的亲身经历：在生活中有很多不公平的事，有一股难以排遣的闷气堵在了胸口，充斥在自己的身体里，让自己感觉非常不痛快，工作没精力，整天好像是背负着一块大石头。

人生难免会遇到不顺心的事：本来就是别人的错，为何要无端地怪自己呢？工作搭档做不好，为什么自己要承担他的错？其他人都不愿意做的事情为什么让我来做？当你遇见这些情况的时候，是忍受委屈还是发泄出来呢？有些人会说：我不会装孙子，谁让我受委屈，我就会让谁好看。的确，这样做能让你获得心理平衡，可是，这会毁了你的未来。所以，你要想赢在未来，那就认了吧，因为委屈是人生赶不走的魔鬼。

柯文中能力强，刚到单位半年，就成了业务骨干，很受同事喜欢。

因为自己是办公室里的小字辈，又是新来的员工，像办公室饮水机换水这样的工作，小柯就义不容辞地承担了。

可是，换水是经常性的事，刚开始小柯还很勤快地帮着去换，可是到最后也有点不耐烦了，就不去做了。这下可好，只要饮水机没有水了，大家都在喊，“小柯，没水了，你赶快换一桶呀”，“小柯，怎么搞的？没有水了你也不换”。

“难道自己是来公司换水的吗？不给他们点颜色看看就太欺负人了。”时间长了，柯文中实在是忍受不了这份委屈了。这天，有个女同事喊他换水，他一边将手中的笔狠狠地摔在桌子上一边愤愤地向喊他的同事回道：“我可不是换水的，凭什么让我做这么低贱的活？以后不要把我当孙子用。”

柯文中的反应让同事们很愕然，原本对柯文中热心淳朴的印象瞬间荡然无存。其实，柯文中换水，同事也没有看轻他的意思，只是习惯了而已，倒是柯文中对这份委屈的发泄，让同事们意外。

后来，柯文中虽然觉得同事对他有了几分“敬畏”，但同时他也感到自己和同事有了距离感。在年终的评优会上，业绩很好的柯文中却榜上无名。

柯文中遭到了同事的疏远，根本的原因是不能忍受委屈。其实，我们应该学会忍受委屈，这样就能得到他人的信赖和认可。

黎小群是张总新聘的秘书。“您好，张总。昨天我交给您的文件签了吗？”这天，黎小群在办公室问张总。“什么？我从未见过你的文件，你这个秘书是怎么当的。”张总有点恼怒。黎小群看到张总怪自己，本想说：“我把文件交给你的时候，王总也在，我们看着您将文件摆在桌子上的！”但话到嘴边，黎小群还是将话咽了回去，而是平静地说：“那好吧，我回去找找那份文件。”

于是，黎小群回办公室，把电脑中的文件重新调出再次打印。当黎小群再次把文件放到张总面前时，他连看都没看就签了字，因为他清楚文件原稿的去向。

后来，公司的人都觉得黎小群很能干，因为张总身边的秘书很少有像黎小群干得这么久的，常常都是因为不能让张总满意而被辞掉。看来，张总对黎小群的表现非常满意。

三年后，黎小群成为了一名主管，也是公司的红人。

可以说，黎小群是用忍受委屈赢得了职位，其实，张总器重黎小群的原因只有黎小群最清楚，试想，黎小群当初为了那份失踪的文件，挨了张总的骂，黎小群要是忍受不了那份冤枉，非要和张总辩个清白，黎小群可能早就离开公司了。

人活在世上，注定要受许多委屈，有的委屈很小，有的委屈很大。有时候，能不能获得好的未来，就看你对委屈的态度。应该说，一个人越能忍受委屈，他的前途就越广；他忍受的委屈越多，他就更能得到器重。不懂得为未来忍受委屈的人，他的未来就不会有光明。

金正法辞职了。他在公司已经工作5年了，对公司一直没有好感，因为他觉得自己是世界上最委屈的人。

当初进入公司时，面试官正是现在的上司张斌，在面试过程中，张斌总是提一些刁钻的问题，他费了九牛二虎之力才勉强通过了面试。金正法激动地说：“谢谢公司给我这个机会，我一定不会辜负公司的信任。”

谁知张斌冷冷地看着他说：“承诺都是空的，还是看你的行动吧。”这句话如一瓢冷水浇灭了金正法的热情。

后来，金正法不管怎么努力，即使工作完成得很漂亮，上司也总是找机会挑剔、打击他。有一次，上司直接交给他一份任务，要求他完成一份出色的策划案。于是，金正法想抓住这次机会，做出一份漂亮的策划案，从而改变自己与领导之间的误会。为此，他每天加班到深夜，甚至连饭都忙得顾不上吃。一周后，当他挂着两个大大的黑眼圈，将一份非常精美的策划案放到张斌面前时，张斌翻了翻策划案，然后冷冷地说了一句："不行，还需要修改。"

金正法看到上司没有仔细看自己的策划方案，就给出了否定的意见，心中十分生气，抓起策划案，摔门而去。同事安慰他："谁让我们摊上了一个刻薄的领导呢，不要往心里去，不然你今后会被气死的。"但是，金正法始终无法填平与领导之间的那道鸿沟，只要一看张斌的脸，心中就会怒火中烧，最后只有选择了离开。

我们可能会有和金正法一样的遭遇，要是你也遇到一个刻薄且自以为是的人，你没有必要跟他斤斤计较。当他刁难你时，你只要把自己的工作做好就行了。在他给你脸色看之后，你多想想开心的事，犯不着跟领导赌气。生活往往充满了残酷的竞争，人与人之间往往还会勾心斗角、尔虞我诈。所以，遇到不顺心、遇到令人负气的事情是很正常的。所以，当你不能改变外部环境时，你就要调节自己的内部心态。因为生活中没有绝对的公平可言，世界永远都是一个优胜劣汰的环境，适者生存，如果你总是在不顺心的时候或受到委屈的时候，负气不堪，无法忍受，那么你未来必然会被淘汰。

一个人要想赢在未来，必然要忍受生活中各种不公平的待遇，各种不公平的事。降低自己的心气，把自己看得更卑微一点，这样就不容易负气了。一个能在未来活得潇洒的人，并不是因为他的运气多好、能力多强，往往是因为他能够很好地忍受委屈，接受不公平。

敢于回头，你的人生更风光

人们常说“好马不吃回头草”。这句话从一个侧面说明了一个人，尤其是一个各方面都优秀的人，要保持着高高在上的自尊，不能失了面子。然而，一匹“好马”往往需要去吃“回头草”。一个聪明的人，应当能够当进则进，当退则退。有这样一匹吃回头草的“好马”，他就是现任联邦快递中国区副总裁——沈家凉。

沈家凉，香港大学历史系的一位高材生。毕业后，他的第一份工作就是在联邦快递，在刚进公司的阶段，他凭借良好的心态和感染力，使联邦快递的业务蒸蒸日上，连续两年成为公司全球业绩最佳奖得主，并提升为操作部经理，后来又被提拔为亚太区销售部总经理。可是，就在沈家凉的事业发展前途一片光明时，他却选择了跳槽，因为他想找到一份更适合自己的工作。

他回忆说：“当时我在销售领域已经做得很出色了，甚至有些腻了、疲惫了，我想尝试一种新的环境，来锻炼自己实践综合、全局性管理的能力，适逢机会，所以就选择了跳槽。”虽然英之杰的待遇和环境远远比不上联邦快递，但是沈家凉还是去了英之杰，因为他看中的是英之杰的职务带来的诱惑和个人锻炼的机会。

一年后，沈家凉毅然决然地辞掉了英之杰的工作，重新回到了联邦快递，并被任命为台湾区总经理。这时的联邦快递面临建立转运中心的危机，沈家凉顶住各种压力，以独到的谈判技巧和英明决策，迅速推进了业务发展，一战成名。沈家凉能够吃“回头草”，不论是对个人还是联邦快递，都是最好的选择。

沈家凉自己也坦言道：“其实在离开联邦快递后，英之杰的领导对我非常器重，原先也没想到过以后会重新回到联邦快递，但是我看到2000年是联邦快递在中国发展最重要的一年，巨大的市场潜力让我预感到机会又来了，并且考虑到原公司的人际关系和业务都还熟悉，还是一个很适合自己发展的环境，于是我决定回头了，做一匹吃回头草的马。”

重新回到联邦快递的沈家凉将一切压力变成了动力，加上领导的器重、原来同事们的友好帮助，以及他对业务的熟悉和他在销售方面的天赋，成功解决了联邦快递的转向问题，并且给公司的发展带来更多的空间，创造了优良的业绩，最后被升任为联邦快递公司的副总裁。

从沈家凉的故事中，我们可以看到，只要原来的公司能够更适合自己发展，原来的工作岗位更能够发挥出自己的聪明才智，为什么不可以吃“回头草”呢？沈家凉正是看中联邦快递能够给自己的发展带来更大的机遇，才选择了投奔旧主，从而使自己从一匹好马，变成了一匹千里驹。

在一些人眼里，“吃回头草”就等于是在“走回头路”，是一个很丢面子的事情，也会遭到人们的耻笑，更不会得到他人的器重，担心回来会被人穿小鞋，担心自己不再获得信任。所以，很多人往往选择“宁可前途一片黑暗，还不会回头看一眼那片光明”。要知道，这些其实都是你高贵的自尊心在作祟，是你自己放不下脸面。所以，很多时候，你需要做的就是放下面子和自尊。低下头去吃“回头草”，因为有时候“回头草”才是最适合你“口味”的。

霍金斯是一位出色的职业足球教练，在一家足球俱乐部工作。可是，俱乐部高层管理过于急功近利，为了多拿几个比赛名额，把一些能力平平的球员凭借关系硬塞进他的球队当中，一些平庸的教练也被派来到他的教练组工作，以致于他原本率领的教练组和球队的整体素质大打折扣，他的先进的足球思想和战略战术，也不能够得到真正有效的发挥。

在每次比赛中，俱乐部的领导既想求胜又不让他放开手脚，稍微大胆进攻，就被指责为冒进；好几次都是先进了球，立即全线退守，最终被对手追平甚至反超。赢了球，成绩是大家的；输了球，他却成了出气筒，承受着媒体、球迷的唾骂，里外不是人。终于，霍金斯忍无可忍，选择了辞职，离开了深爱的足球，去了一家高尔夫俱乐部当一名普通的指导员。

可是，霍金斯并不喜欢高尔夫球这一职业，因此在工作上发挥的也是水平一般，得不到顾客的喜欢和领导的赏识。

另外，那家足球俱乐部在霍金斯走后，球队更加保守，队员毫无斗志，每次比赛只有被动挨打的份，成绩一路下滑，降了级。这时候，俱乐部的高层终于明白了霍金斯的足球理念的正确性，对于俱乐部来说，霍金斯的作用是不可替代的。于是，俱乐部经过研究做出决定，重新邀请霍金斯回来掌管帅印，并对先前的不礼貌行为进行了道歉。

这时的霍金斯也时常怀念当初在俱乐部和队员们一起奋斗的时光，更重要的是他对现在的工作一点也不喜欢，他知道自己真正的工作是足球。因此，霍金斯决定重新回到足球俱乐部，走一次回头路。

由于霍金斯这次的工作没有受到任何干扰，并且得到了俱乐部上层的大力支持，很快他率领一支残兵败将愈战愈勇，当年升级，次年进入三甲，第三年夺取冠军，成为了俱乐部历史上最出色的一位教练员。

可见，霍金斯正是由于吃了回头草，放下了面子和自尊，不计前嫌，最后不仅帮助俱乐部走出了困境，也给自己赢来了成功。

从个人来看，“回头草”并不是一种很丢面子的事情，它是个人一种低姿态的理性选择。只要能获得更好的发展空间，并且能在原来的基础上更好地发挥自己的特长，为什么不能低一下头，损失几分薄面呢？聪明的人在适当的机会摆在面前时，他们会抱着“做生不如做熟”的思想，会自觉放下面子，走回头路。识时务者知进退，好马也吃回头草。很多的“好马”证明：吃“回头草”将会更快地在未来赢得事业的成功。

当你学会谦让，人生才会无比顺当

俗话说："径路窄处，留一步于人行，滋味浓处，减三分让人尝。"这就是谦让。谦让不但是一种美德，还是一种做人的境界。谦让，虽然有时候会让我们做出一些"自我牺牲"，但是谦让使我们学会了如何生活，如何生存，如何去处理感情。只有这样，我们未来的路才能越走越宽。

我们生活在这个拥挤的地球上，可谓是低头不见抬头见，很多磕磕碰碰、鸡毛蒜皮的事情都是在所难免的，没有必要为了一点名利闹得鸡飞蛋打、势不两立。想开一些，人生短短几十年，很多东西生不带来、死不带走，而有些人能同在一起也算是一种缘分，有什么必要让大家都闹得不愉快呢？俗话说："让三分心平气和，退一步海阔天空。"人与人之间相处，就贵在谦和礼让上，没有了这些谦让，我们的世界不知道会变成什么样子。

"一纸书来只为墙，让他三尺又何妨。万里长城今犹在，不见当年秦始皇。"这首诗的由来想必很多人都知道，说得就是别为小事执着，要学会谦让。

康熙年间，在安徽的桐城县发生了一件非常轰动的事情，那就是当朝宰相张英的家人与桐城名医叶天士家为了一堵墙打官司。张家管家给京城的张宰相写信，而官司却因张宰相给自己管家的这首诗"千里修书只为墙，让他三尺又何妨？万里长城今犹在，不见当年秦始皇"，而促使两家握手言和，各自将自家墙后移三尺。于是张、叶两家之间就形成了一条百米来长六尺宽的巷子，被称为"六尺巷"，成就了一段佳话。

在这个故事中，想想张、叶两家要打的官司，的确让人们为叶家捏把汗。如果真的要打官司，不用想，也是张家赢，要知道，张家有深受康熙皇帝信任的宰相，而叶家不过是一个医药世家；就事情本身来说，张家按地契位置砌墙，根本算不上恃强霸占，如果张英不是个懂得谦让的人，向地方官吏打个招呼，要他们“酌情办理”或者“按律处置”，那些地方官吏为了巴结宰相，肯定会心领神会。

但是张英并没有以强凌弱，而是采取了以仁爱待人的姿态与邻和睦相处，用谦让的态度使两堵冷墙之间有了温度。这种做法不仅在当时，就是在今天也是很有启示意义的。特别是某些仗势欺人、以强凌弱、横行乡里、巧取豪夺的人，难道不感到羞愧吗?

有很多不懂得谦让的人都在问一个问题：“谦让有什么好处，我谦让别人，别人能谦让我吗？”其实，学会谦让才真是一种大智慧。

古人言：“富润屋，德润身。”那些富贵钱财通常只能装扮人的外表，只有道德品质才能修饰人的内心。谦让就像一面镜子，它不但可以照出一个人的修养、道德，还可以折射出社会文明的程度。

总之，在生活中，人与人之间的交往难免会发生矛盾与摩擦。当人与人之间有些小碰撞的时候，不防多为对方考虑一下、多一点谦让，就不会闹得不可开交。当别人冲撞你的时候，如果你用谦让的态度去面对他，你就能得到他的理解和拥戴。遇到困难的时候，那些被你谦让过的人还会伸出无私的援助之手，这就是对你谦让别人的最大回报。

一个真正懂得如何为未来谋取成功的人，无论是遇到多大的困难，心中总有一份谦让之心，他们能做到以情为重，失礼认钱得理让人。因为他们知道，只有谦让，才能让心灵更加美丽，才能营造出和谐的人际关系，才能构筑出最温暖和谐的工作环境。

当然，谦让并不意味着软弱可欺，不代表当面对委屈、误解、甚至凌辱的时候还表现得无动于衷；真正的谦让是在不危害别人或危及社会的情况下，做出一些合理的让步，但是对于那些没有任何道理的、存在危害的对峙，我们坚决不谦让。

在生活之中，如果我们每个人都能做到心胸宽广、豁达大度，都能多一分理解和谦让，就会减少很多不必要的纷争和麻烦。人其实就是这样，心宽了，未来的路才会宽，未来才会走得更远。

现在忍得多，未来麻烦才会少

人与人之间经常会产生矛盾，有的是因为认识的水平不同；有的是因为对对方不了解；有的是原本有某些偏见和误解。如果你有较大的度量，以谅解的态度对待别人，忍住最容易爆发的激动情绪，这样你就可能赢得时间，矛盾也可能得到缓和。

社交过程中，由于偏见和误解常常会使一方伤害另一方。假设另一方耿耿于怀，那关系就无法融洽。如果受伤害的一方有很大的度量，不念旧恶，会使原先持偏见者感情受到震动。

度量问题不是个无关紧要的小问题。度量如海还是度量如杯，在重要关头关系到事业的成败。为一点小事斤斤计较，争吵不休，既伤害了感情，影响了友谊，也无益于你成大事，结果不是双赢而是两败。因此，弃个人成见，不在社交场合为区区小利争斗，不为炫耀自己而贬低他人，发扬一点忍让精神，对许多事情进行“冷处理”，摆脱互相之间无原则的纠缠和不必要的争执，不计较一切无关大局的小事……那么，你的风度将会获得社交场合中众人的青睐，你的事业也会如虎添翼，收到双赢的效果。

有位爱尔兰人名叫欧·哈里，听过卡耐基的课。他受的教育不多，很爱抬杠。他当过汽车司机，后来因为推销卡车不顺利，来求助于卡耐基。听了几个简单的问题，卡耐基就发现他老是跟顾客争辩。如果对方挑剔他的车子，他立刻会涨红脸大声强辩。欧·哈里承认，他在口头上赢得了不少的辩论，但没能赢得顾客。他后来对卡耐基说：“在走出人家的办公室时我总是对自己说，我总算整了那混蛋一次。我的确整了他一次，可是我什么都没能卖给他。”

所以，卡耐基面临的难题是，如何训练欧•哈里自制，避免争强好胜。欧•哈里后来成了纽约怀德汽车公司的明星推销员，他是怎么做到的？以下是他的说法：“如果我现在走进顾客的办公室，而对方说：‘什么？怀德卡车？不好！你送我我都不要，我要的是何赛的卡车。’我会说：‘老兄，何赛的货色的确不错，买他们的卡车绝错不了，何赛的车是优良产品。’

“这样他就无话可说了，没有抬杠的余地。如果他说何赛的车子最好，我说没错，他只有住嘴了。他总不能在我同意他的看法后，还说一下午何赛车子最好。我们接着不再谈何赛，我就开始介绍怀德的优点。

“当年若是听到他那种话，我早就气得脸一阵红、一阵白了——我就会挑何赛的错，而我越挑剔别的车子不好，对方就越说它好。争辩越激烈，对方就越喜欢我竞争对手的产品。

“现在回忆起来，真不知道过去是怎么干推销的！以往我花了不少时间在抬杠上，现在我守口如瓶了，果然有效。”

正如明智的本杰明•富兰克林所说的：“如果你老是抬杠、反驳，也许偶尔能获胜，但那只是空洞的胜利，因为你永远都得不到对方的好感。”

因此，你要衡量一下，你是宁愿要一种字面上的、表面上的胜利，还是要别人对你的好感？你可能有理，但要想在争论中改变别人的主意，那是徒劳。不妨试试先咽下一口气再说。

古人说：“二虎相争，必有一伤。”这样做下去，其实谁都不好看，有时，特别是朋友之间，抬头不见低头见，还是得饶人处且饶人吧。

宋朝的王安石和司马光十分有缘，两人在公元1019年与1021年相继出生，仿佛有约在先，年轻时，都曾在同一机构担任完全一样的职务。两人互相仰慕，司马光仰慕王安石绝世的才华，王安石尊重司马光谦虚的人品，在同僚中间，他们俩的友谊简直成了典范。

做官好像就是与人的本性相违背，王安石和司马光的官愈做愈大，心胸却都慢慢地变得狭猛起来，相互唱和、互相赞美的两位老朋友竟反目成仇。倒不是因为解不开的深仇大恨，人们很难相信，他们是因为互不相让而结怨。两位智者名人，成了两只好斗的公鸡，雄赳赳地傲视对方。

有一回，洛阳国色天香的牡丹花开，包拯邀集全体僚属饮酒赏花。席中包拯敬酒，官员们个个善饮，自然毫不推让，只有王安石和司马光酒量极差，待酒杯举到司马光面前时，司马光眉头一皱，仰着脖子把酒喝了，轮到王安石，王执意不喝，全场哗然，酒兴顿扫。司马光大有上当受骗，被人小看的感觉，于是喋喋不休地骂起王安石来。一个满脑子知识智慧的人，一旦动怒，开了骂戒，比一个泼妇更可怕，王安石以牙还牙，祖宗八代地痛骂司马光。

自此两人结怨更深，王安石得了一个“拗相公”的称号，而司马光也没给人留下好印象，他忠厚宽容的形象大打折扣，以至于苏轼都骂他，给他取了个绰号叫“司马牛”。

到了晚年，王安石和司马光对他们早年的行动都很后悔，大概是人到老年，与世无争，心境平和，世事洞明，可以消除一切拗性与牛脾气。

王安石曾对侄子说，以前交的许多朋友，都得罪了，其实司马光这个人是个忠厚长者。司马光也称赞王安石，夸他文章好，品德高，功劳大于过错，仿佛是又有约定似的，两人在同一年的五个月之内相继归天，天国是美丽的，“拗相公”和“司马牛”尽可以在那里和和气气地做朋友，吟诗唱和，什么政治斗争、利益冲突、性格相违，已经变得毫无意义了。

我们都知道，人和人都是不同的，对于性格、见解、习惯等方面的相异，要以和为重，若“疾风暴雨、迅雷闪电”会影响朋友之间的关系，甚至导致友谊破裂，反目成仇；而若和气面对彼此的不同，进而欣赏对方的优点，则对方也会对你加以赞美。

当我们受到别人侮辱的时候，不要急于针锋相对，不要急于予以还击，而是要学会去忍受，要勇于去忍受，这样不仅可以扼住自己心中消极情绪的增长，也在别人面前显示出自己的大度和胸怀，说不定，当别人静下心的时候，发现自己错了或做得过分了，还会主动跟你道歉。这样原先的一切乌云密布，自然也就变得烟消云散了。

费力反击别人，不如用力充实自己

阿里巴巴的创始人马云曾做出许多深刻精彩的评论，其中令人印象深刻的一句是："心中无敌，无敌于天下。"这句话，可以这么理解：虽然在现实中，对手必然存在，但在心中，我们不应该把竞争对手当成敌人，而要把他当成值得学习的老师。

我们的敌人固然会不断攻击我们，当我们反击敌人时，就失去了让自己充实的时间。如果我们选择不断接受对手的"意见"，改进自己，那么，我们就会变得越来越强。

成功学大师戴尔·卡耐基刚开始拓展事业的时候，经常在全国各地巡回演讲，举办一些成人教育班和座谈会。

有一次，某位记者在报道中攻击卡耐基的工作和他所做事业的价值。这对当时年轻气盛的卡耐基来说是完全不能忍受的。他越想越气，觉得这些文字侮辱了他的人格、他的理想，以及他全心全意专注的事业。于是卡耐基打电话给报道这篇文章的报社，要求他们再刊登一篇文章，澄清那位记者侮辱自己的真相。报社也果然这么做了。

但是，几年之后，当卡耐基的事业越做越大时，他回想起了当年的行为，竟然感到些许惭愧。因为，他想到：看那份报纸的人，也许当中只有十分之一会看到污辱自己的那篇文章；看到那篇污辱自己的文章的人里面，可能有二分之一会把这当成一件微不足道的小事；而真正注意到那篇污辱自己的文章的人里面，又有二分之一会在几个礼拜之后，把这件事忘得一干二净。如此一来，自己刊登另一篇澄清自己的文章又有什么作用呢？事实上，卡耐基已然明白，那确实不过是一件小事，自己完全没有必要在那件事情上生气。

经过一番思考，卡耐基的处世态度更为成熟了。

面对别人的言语攻击，我们可以回敬同样的恶毒语言，这无疑会让我们的愤怒得以宣泄，但是却并不可能让我们有更好的名声。因为当我们不顾形象地反击对手时，我们并没有进步，甚至在修养方面输掉了自己。而如果我们选择充实自己，不与那些恶毒的攻击计较，则是体现出了自我的修养，这样才更可能赢得人们的尊重。

1789 年美国刚刚建国时，在报纸上有一个人经常被人骂做“伪君子”、“独裁者”、“只比最低劣的杀人犯好一点点”、“美利坚的罪人”。国家刚刚建立，百废待兴、百业待举，人们的主要精力都用在了建设上，谁会用这么恶毒的词语攻击人呢？这个人不是卖国贼，不是杀人犯，也不是来自英国的侵略者，而是刚刚带领美利坚人民战胜大英帝国，最终取得了民族独立的美国第一任总统乔治•华盛顿。

听到这些恶毒的话语，华盛顿没有用自己手中的权力将这些人置于死地，也没有以口舌反击他们，而是选择了充实自己。他对国务卿富兰克林说：“正是由于这些攻击者的存在，才让我意识到了自己的重要性。为了这些攻击者，我也要做好自己。”

大多数时候，人都是喜欢被他人夸奖的，很少人喜欢被他人批评。但不可否认，有些时候，他人的批评，不管是恶毒也好，善意也罢，都有可能指出我们身上实际存在的缺点。爱默生说：“我们将批评比喻为一桶沙子，当它无情地撒向我们时，不妨静下心来，在看似不合理的要求中，找到让我们进步的‘金沙’，在批评中寻找成功的机会。如果我们果真能这么做，就能在修养之外，得到自我的充实。”

爱德华称林肯是“一个笨蛋”。爱德华之所以生气，是因为林肯干涉了他的业务。有一次，为了取悦一个很自私的政客，林肯签发了一项命令，调动了某些军队。爱德华不仅拒绝执行林肯的命令，而且大骂林肯签发这种命令是笨蛋的行为。结果怎么样呢？林肯听到爱德华说的话之后，很平静地回答说：“如果爱德华说我是个笨蛋，那我就一定是个笨蛋，因为他几乎从来没有出过错。我得亲自过去看一看。”

林肯果然去见了爱德华，他知道自己签发了错误的命令，于是收回了成命。只要是诚意的批评，是以知识为根据而有建设性的批评，林肯都非常欢迎，也非常乐于接受。

假如有人骂我们是“一个笨蛋”，那么至少说明我们所做的决定在某些人看来是错误的。这个时候，我们应该先让自己平静下来，认真地斟酌一下，是不是自己的决定真的有什么破绽，从而虚心地向批评者请教，做到更完善地处理。接受批评，不去反击，选择充实自己，这是一种难得的习惯。

谦让不仅方便别人，还可以方便自己

谦虚是一种心境，待人谦虚者能欣赏到更多的花香；谦虚是一种智慧，懂得谦虚者定是对人生有透彻的认知；谦虚是一种修养，时时谦虚者会得到更多的守望。“满招损，谦受益”，保持平和谦逊的态度，不仅可以方便别人，还可以方便自己，从而帮助自己成功。

俗话说得好：“忍一时风平浪静，退一步海阔天空。”这并不是在让人退缩，卑微地面对强者，而是在心理上进行调解，找到矛盾的焦点，然后解决掉。谦让是一种习惯，体现的是一个人的修养和内涵。

如今快节奏的生活中，每天上下班到处都是熙熙攘攘的人群，当两个人要挤同一个狭小的通道时，就需要两个人或者其中一人拥有谦让的品质，要不然就会产生矛盾，影响彼此，得不偿失。如果谦让一下，就方便了彼此，何乐而不为呢！

谦让作为一种高尚的道德，随处可见。无论何时何地，谦让不仅方便别人，还可以方便自己。当然，也有少许人不懂得谦让，那就是无知的表现了。争一时之气，不仅伤害了别人，更容易给自己惹来麻烦，甚至会影响成功的进度。

春秋时期，孔子周游列国。一天，他们驾车去晋国。看见一个孩子在路当中玩一堆碎瓦片。孔子说："你不该在路中间玩，挡住别人的车了。"

孩子指着地上说："老人家，您看看这是什么？"孔子一看，是用瓦片堆起的一座城。

孩子又说："您说，您觉得是应该车给城让路，还是城给车让路呢？"孔子被问住了。

孔子觉得这孩子很懂得礼貌，便问："你叫什么名字，几岁了啊？"那孩子回答说："我叫项橐，7岁！"

孔子对学生们说："项橐！7岁知礼，可以当我的老师了。"

从这个小故事看出，孔子的"三人行，必有我师"并不是一句空话。

谦让，不仅方便自己，而且也让他人得到方便，一个人有谦让之心，就说明这个人懂得为人处事。谦让也是一种习惯，是一个人走向成功的习惯，所以谦让很重要。

2008年，美国总统大选将奥巴马和麦凯恩推到了政治的风口浪尖。大选如火如荼地进行，两个党派针锋相对，互不相让，都憋着劲准备给竞选对手抹黑。

有些人正在处心积虑地在研究奥巴马的往事，企图找到一些让奥巴马颜面扫地的故事，企图在道德方面给奥巴马致命一击。

奥巴马平时谦虚谨慎，工作认真称职，好像人人都很喜欢他，他似乎已经赢得了除共和党死忠分子之外的所有精英们的支持，没有人愿意对他开黑枪。但那些反对党派们真是无孔不入，就连奥巴马的一次违章停车他们也找了出来，并在这个问题上做起了文章，指责奥巴马连最基本的法规都不能遵守，哪堪一国之重任？

就在奥巴马陷入困境的时候，出人意料地，获诺贝尔奖的贝克教授站出来说道："并不是所有违规甚至犯法的人都很坏，是个坏蛋。相反，那完全是理性选择的结果。"

贝克教授用自己的权威成功为奥巴马解了围。奥巴马很意外，因为他从来就不认识贝克教授。紧接着，贝克教授对媒体讲述了一个真实的故事。

一天奥巴马去纽约市主持一个会议，因为堵车眼看就快迟到了。在他到达目的地将要停车的时候，他发现停车场只有一个车位了。而这时一位老人也几乎同时盯上了那个车位。。

老人和气地说："你先停吧，你的工作重要。"奥巴马把快要入位的车退了出来，笑着道："老先生先停吧，我没有什么重要的事。"为了开会不迟到，奥巴马就只好将车停在了外面并接受罚单。而这个老人正是贝克教授。

生活中，也许，我们在不经意中所做的点滴，就已经为自己奠定了成功的基石。当初，奥巴马如果认为自己在做的事才是最重要的，而毫不谦让地去争夺那个车位，那他就永远也得不到贝克教授的支持，从而与成功擦肩而过。

谦让并不意味着懦弱。谦让需要在两方都具有这种美德的时候才能产生作用，如果你在一个路口看见一个小偷狂奔而来，你立即彬彬有礼地谦让一声："你先走。"你就有可能被失主迁怒，因而在肉体上和物质上都受到损失。

谦让也不是退缩，你去一家公司面试，一个职位有N个人竞争，你为了体现谦让，对那些竞争者说："这个工作你们来做吧，我回家饿肚子去了。"没人会当你这是谦让。

谦让更不是逃避，见到一位心仪的姑娘或先生，你不会对你的情敌说："你和他结婚吧，我一个人过一辈子也行。"尽管你成全了一对鸳鸯，但没人感激你。

谦让是在自己占据优势主动时做的一种姿态，是尊重他人的一种行为，是获得别人尊重的一种手段，是让成功走近自己的一种习惯。

谦让别人的同时也会得到他人的谦让，既方便了自己，又方便了他人，这是一举两得，一箭双雕的好习惯。只要你拥有了谦让，就说明你离成功不远了。

第04辑

踏踏实实做事，你的工作会越做越好

从对待工作的不同态度，我们会看到你的职业前景。对工作三心二意，不仅做不好工作，最终还会失去工作。踏踏实实地去做事，你的工作不仅会越做越好，而且还会让你成为行业的精英。所以，在职场上，要想有个美好的前景，你就必须踏踏实实地做好当下的工作。

敢于承担责任，用作为获得地位

现在，有些刚刚踏上工作岗位的年轻人只讲自己应享有的权利，而不谈自己应担负的责任。须知，任何企业都不允许不负责任的员工享有任何权利。权利与责任是相互的，当员工不愿意履行自己应尽的责任时，他们在工作过程中应享有的一切权利都将被视为自动放弃，从而丧失掉自己已取得的地位，丧失目前的机会，甚至会丧失整个未来。

吴杰是某省驻京办的部门主任。有一次，得到一个情报：机关高层决定安排他们部门的人员到外地去处理一项难缠的业务事件。吴杰早就听说这项事务非常棘手，很多人避之唯恐不及。所以，他当机立断提前一天告假。

第二天，上面果然安排下来，恰好他不在，便直接把任务交待给他的助手，让他的助手转达。

当他的助手打他的手机，向他汇报这件事情时，他便在电话中给他的助手安排了工作，说自己有病，让助手顶替自己带一帮人去处理这项事务。处理这项事务的具体操作办法，他在电话中也教给了这位助手。

半个月后，事情办砸了，吴杰怕办事处高层追究自己的责任，便以自己告假为由，言称自己不知道这件事情的具体情况，一切都是助手自作主张，带领一帮人去处理的。

按他的想法，助手既然是领导安排到自己身边的人，出了事，让助手顶着，在领导面前还有一个回旋的余地；假若自己承担这件事的责任，恐怕要被降职罚薪。

高层领导进行了一番深入调查，听了吴杰助手的具体阐述后，对吴杰的人品和责任心产生了怀疑，害怕他把这种手段当成惯伎，影响整个组织的团结和工作效率，所以再也没有给过他任何富有挑战性的工作。一年后又借故降了他的职。

责任保证一切。责任保证了敬业，保证了信誉，保证了服务，保证了创造，保证了业绩……正是拥有勇于负责的人，才保证了组织的竞争力和高效率。

有许多人本来具有出色的能力，却因为不具备勇于负责的精神，人生平平，无所建树，甚至在工作中经常出现疏漏，结果，让自己逐渐平庸下去，因无作为，便无地位可言。相反，另外有一些人，刚开始表现得并不出色，为了改变自身的境况，他们勇挑重担，全身心地、尽职尽责地投入到工作之中，想尽一切办法。结果，在未来取得了成就，个人地位也不断提升。

老张退休后被某厂聘做仓库保管员，工作非常简单，无非就是按时关灯，关好门窗，注意防火防盗，等等。但老张却做得超乎常人的认真。他不仅做好来往的工作人员提货的纪录，将货物有条不紊地码放整齐，还从不间断地对仓库的各个角落进行打扫清理。这些繁琐的工作，老张从不觉得枯燥，相反，他做得井井有条。一年下来，仓库在他的保管下，居然没有发生一起失盗案件，工作人员每次提货也都会在最短的时间里找到所提的货物。

那是十月黄金周的一天，突然而来的强对流天气使得狂风骤起，乒乓球般大的冰雹从天而降，冰雹砸坏了许多窗户的玻璃，冰雹过后，倾盆大雨又倾泻而下。在家里休假的厂长感到十分不安，因为仓库里堆放着刚买来的一些生产原料，如果仓库的窗玻璃被冰雹打坏，原料就会被雨淋透，这会给厂里造成不小的损失。于是，厂长马上通知安全科长，要他带几个人和自己一起赶到厂里抢险。

可当他们赶到仓库的时候，看见仓库窗户的玻璃虽然已经被冰雹砸碎，雨水更随风从窗户飘进来，可原料已经被帆布盖好。更让他们感到诧异的是，浑身湿透的老张正迎着随风而进的大雨逐个修补着仓库的窗户——厂长高悬在半空的心一下子放了下来。他和安全科长带来的人也一起投入到了老张的战斗中。

事后，厂长握着老张的手说着感谢的话，而老张却只淡淡地说："这就是我的事。"鉴于老张这种负责的精神，年终的时候，厂长破例为这个临时工颁发了 1 万元奖金。好多正式的老职工不理解，老张来厂里才 1 年，凭什么能够拿到这么多的奖金？厂长看出了大家的不满，于是就说道："作为一名临时的仓库保管员，老张能对自己的岗位忠于职守。上次，你们谁都知道仓库的原料将有被雨水淋湿的危险，可你们又有谁能来仓库照看一下呢？你们觉得，那不是你们的责任。老张只是一个临时工，可他真正做到了工作有颗责任心，我觉得这个奖励他当之无愧！"

有很多人对于自身责任心的缺失经常意识不到，或者虽然有了一些认识却不以为然，以为不过是一点小事情，没有什么值得大惊小怪的。事实上，不负责任的人对整个组织的大局会产生极为不利的影响，当然更会影响自己的前程。

因此，责任决定作为，责任心大小决定地位的高低。有多高的地位，就必须承担多大的责任。不负责任的员工，很难拥有地位；不负责任的管理人员，会丧失既得地位。聪明的人都是先挑担子，先求作为，后求地位。

不烦做小事，改掉眼高手低的毛病

“千里之行，始于足下”，要想未来成就大事就必须要从当下小事做起，眼高手低是定位的大忌，只有脚踏实地才能把梦想化为现实。

郭得如毕业于某大学外语系，她一心想进入大型的外资企业，最后却不得不到了一家成立不到半年的小公司“栖身”。心高气傲的郭得如根本没把这家小公司放在眼里，她想利用试用期“骑马找马”。

在郭得如看来，这里的一切都不顺眼——不修边幅的老板，不完善的管理制度，土里土气的同事……自己梦想中的工作完全不是这么回事啊。“怎么回事？”“什么破公司？”“整理文档？这样的小事怎么让我这个外语系的高材生做呢？”“这么简单的文件必须得我翻译吗？”“就一篇小报告而已，为什么自己不写要我帮忙呢？”“噢，我受不了了！”

就这样，郭得如天天抱怨老板和同事，双眉不展、牢骚不停，而实际的工作却常常是能拖则拖，能躲就躲，因为这些“芝麻绿豆的小事”根本就不在她思考的范围之内，她梦想中的工作应该是一言定千金的那种。啊，梦想为什么那么远呢？

试用期很快过去了，老板认真地对她说：“我们认为，你确实是个人才，但你似乎并不喜欢在我们这种小公司里工作，因此对手边的工作敷衍了事。既然如此，我们也没有理由挽留你。对不起，请另谋高就吧！”

被辞退的郭得如这才清醒过来，当初自己应聘到这家公司也是费了不少力气的，而且，就眼前的就业形势，再找一份像这样的工作也很困难。初次工作就以“翻船”而告终，这让郭得如万分失望与后悔，可一切都已晚矣！

有些人则不同，他们也有很高的梦想，但他们不会每天都深陷于幻想中难以自拔，他们从现在的工作开始做起，从一点一滴的小事做起，并这样毫不松懈地坚持下去。他们知道除非是他们努力把事情做成，否则什么也不会发生。就这样，他们一步步地默默努力着。终于有一天，他们晋升为公司的骨干，所有人都不禁大吃一惊，但仔细回想，这一切其实纯属正常，毕竟天助自助者。梦想对于他们，已经变成了活生生的现实。

李妍大学一毕业就去了南方，然后顺利地在一家跨国公司找到了一个职位。

上班的第一天，李妍就发誓要让自己成为公司里的不可或缺者之一。

李妍负责的工作是档案管理，资源管理专业出身的她很快就发现了公司在这方面存在的弊端。她开始连夜加班，大量查阅资料，运用所学的理论知识写出一份系统的解决方案，并将公司内部工作运行流程、市场营销方式以及后勤事务的规范，也整理出一套完整的方案，然后一并发到行政经理的电子信箱中。没过几天，行政经理就请她到公司的餐厅喝咖啡，离开时语重心长地拍了拍她的肩头："公司对勤奋的人，向来是给予足够的空间施展才华的，好好努力！"

李妍更加勤奋地努力工作。公司想竞标一个大商厦周围的霓虹灯方案，同事们整天翻案例找朋友，忙得焦头烂额。李妍白天做自己分内的工作，晚上却通宵不眠熬红了眼做方案文书。竞标前一天交方案时，李妍去得最晚，行政经理不解："你们部门已经交来了。"李妍充满信心地看着他说："这是不一样的！"竞标的当天，各种方案一下子被否决掉好几份，公司高层开始紧张，决定试试李妍的方案。这一试让李妍为公司立下了汗马功劳。

第二天，消息就传遍了整个公司，大家都知道了人事资料管理科有个叫李妍的人很出色。

一个月之后，公司人事大调整，原来的部门经理调去别的部门，新来的行政任命文件上赫然印着李妍的名字。在同事们复杂的眼光里，李妍收拾好自己的东西，迈着悠闲的脚步走进了18层那间豪华的办公室。

想一想你周围的人们，像郭得如或者李妍这样截然不同的人应该都不在少数。也许你会对那些刚开始豪情万丈的人充满由衷的向往，忍不住在心中勾画起自己的蓝图来。这样做是没有错，每个人都应该有自己的理想，但理想一定要切合实际，更重要的是，你要做好行动的计划和准备，要通过自己的努力实现理想。因此，那些像蜜蜂般踏实努力工作，并取得了一定成绩的人才是真正值得我们去学习的。要做一些事情，只有空想是不行的，如果每天都沉浸在自己的梦想中，以至于耽误了正常的工作，想做的还做不到，该做的又不去做，这样的人是不会获得成功的。

当人们抱着过高的目标接触现实环境时，感到处处不如意，事事不顺心，于是就整天地抱怨。其实在做事时，你首先要做的是根据现实的环境调整自己的期望值，即使你给自己定位很高，做起事来也要现实一些。

一心一意一件事，用专注带来成功

取得成功，实现自己的人生价值，是每一个有志者的毕生追求。然而，成功的道路并不平坦，影响成功的因素也多种多样、不一而足。有些人可以目不斜视，紧紧盯住远方的灯塔，经过一番披荆斩棘的历练，最终到达胜利的彼岸。有些人则无法拒绝海妖优美的歌声，偏离了最初的航向，最终命丧大海。由此可见，专注于自己的目标，无疑是走向成功的一个重要因素。

所谓“专注”，就是集中精力、全神贯注、专心致志。它要求人们能够排除外界所有的干扰，一心一意地将一件事情做到极致。只有将自己有限的精力投入到一件事情或者一个目标之中，才能发挥出自己最大的能量。这就好比放大镜，只有将太阳的热量集中到一点，才能使其产生出最大的能量。

当人们询问巴菲特，为什么他每次都可以把握住很好的投资时机时，巴菲特将自己的成功秘诀归结为了两个字“专注”。施罗德曾经这样评价巴菲特的专注，他说：“他除了关注商业活动之外，几乎对其他的一切，如艺术、文学、科学、旅行、建筑等都充耳不闻。正是由于他的专注，他才能精力充沛地去追寻自己的梦想。”

是的，“术业有专攻”。随着知识的不断增加，一个人已经没有能力做到所谓的“全才”。而巴菲特也无意做到这一点，他只知道紧紧盯住自己的梦想，关注一切能够实现自己梦想的信息。这并不是说说就能做到的。

在巴菲特很小的时候，他就对财富产生了痴迷的兴趣，经常随身携带自己心爱的自动换币器。在他 10 岁，父亲打算带他出去旅行时，他便要求参观纽约证券交易所。之后，当他读到《赚 1000 美元的 1000 种方法》时，他更是坚定了自己的财富梦想，对朋友宣称要在 35 岁之前成为百万富翁。要知道，在 1941 年美国大萧条时期，能够说出这样的话，是要具有多大的胆识。然而，巴菲特并没有食言，他通过自己的专注，通过自己的努力，不仅仅成为了百万富翁，而且成为了世界上最富有的人之一。

1991 年巴菲特和盖茨同时参加了一个派对。当盖茨的父亲问到一个人一生中最重要的是什么时？巴菲特和盖茨不约而同地回答，是“专注”。

英雄所见略同。一个专注的人，往往能够把自己的时间、精力和智慧凝聚到所要做的事情之上，以此最大限度地调动起自己的主动性、积极性和创造力，从而努力实现自己的目标。尤其是当遇到诱惑、挫折的时候，能够坚定自己的意志，不轻易动摇，直到取得最后的成功。

“幸福的家庭总是相似的”。同理，取得成功的人，他们之间总有某些相似的特质。而专注就是其中突出的一项。唯有专注，一个人才能完全激发起自己潜在的能量，为自己的目标找到成功的途径。

阿基米德是古希腊著名的学者，他十分痴迷于物理学和数学的研究。一次，他接到了国王下达的一项命令，要求他检测国王新定制的纯金王冠中是否夹杂了白银。一开始，阿基米德毫无头绪，不知道如何测试。因为之前通过重量的测定，已经发现王冠和之前交给工匠的纯金重量相等。该寻找怎样的方法来测定呢？阿基米德陷入了深深的沉思中。在之后的日子里，阿基米德一直被这个问题所困扰。

一天，他来到公共浴室洗澡。当他坐进澡盆时，看到水往外溢，同时感到自己的身体被轻轻地托起。阿基米德突然领悟到可以通过测定固体在水中排水量的方法，来确定金冠的比重。他兴奋地跳出澡盆，连衣服都顾不得穿上就跑了出去，边跑边嚷：“我知道了，我知道了！”

就这样，阿基米德通过自己持续思考和探索发现了流体力学的基本原理。

巴尔扎克在文学创作的过程中，也会在不自不觉之中沉浸在自己的文学作品中。一次，一个朋友去拜访巴尔扎克。当这位朋友准备敲门时，突然听到巴尔扎克在房间里面与人激烈地争吵：“你这恶棍，一定要给你点厉害瞧瞧！”听到这里，朋友马上冲进房间，结果发现巴尔扎克原来是在和自己作品中的人物争吵。还有一次，巴克扎克突然走到一位朋友面前，激动地痛斥说：“你，是你，使这个不幸的少女自杀了！”朋友一听此言，不知所措，惊慌不已。之后才知道，原来巴尔扎克嘴里所说的少女，是他正在创作的小说《欧也妮•葛朗台》中的女主人公欧也妮。

“用志不分，乃凝于神。”更进一步地说，专注已经成为了成功者所达到的一种精神，一种境界。当罗马士兵攻破叙拉古城，出现在阿基米德面前时，他正专心致志地坐在沙土前面研究几何问题。面对手持利剑的罗马士兵，阿基米德只是淡淡地对他们说了下面的一句话：

“请慢点动手，让我做完这道题。”

成功无捷径，别总想着投机取巧

我们当中总不乏有些人在做事前先要费尽心思地盘算能不能偷工减料，能不能找到解决问题的小窍门、小技巧，甚至不惜损害他人的利益来达到自己的目的。这些人总以为自己很聪明，可事实证明，越是自作聪明的人，越是“聪明反被聪明误”。

人若有些小聪明是好事，但是不应当将所有的希望，将事物的成败都寄予自己的“小聪明”上，更多的时候，我们需要的是脚踏实地地去做，去努力，而不是依靠投机取巧。

哲学家柏拉图正和他的学生走在马路上，这名学生是柏拉图的得意弟子之一。他很聪明，总是能在很短的时间之内领会老师的意思；他很有潜力，总是能提出一些具有独特视角的问题；他也很有理想，一直希望自己能够成为像老师一样伟大，甚至比老师还要博学的哲学家。所以他常常自视聪慧，不愿意在学识上多下工夫，自认为聪明能敌过他人的努力。

但是柏拉图认为他还需要生活的历练，还需要更加刻苦。柏拉图曾经语重心长地对这名学生说过这样一句话：“人的生活必须要有伟大理想的指引，但是仅有伟大的理想而不愿意脚踏实地，一步一个脚印地朝着理想奋进，也不能称为完美的生活。”

这名学生知道老师是在教导自己要脚踏实地，但他认为自己比别人聪明，总能用一些技巧轻易地解决问题；自己的理想也比别人的更加伟大，所以只要自己想做的，总能取得成功。

柏拉图也相信这名学生能够做出一番大事业，但是他却只看到大目标而不顾脚下道路的坎坷以及自身的缺点。柏拉图一直想找一个合适的机会让这个学生自己意识到这一缺点。一天，柏拉图看到他们前面的不远处有一个很大的土坑，土坑周围还有一些杂草，平常人们只要稍加注意就可以绕过这个土坑，但柏拉图知道他的学生在赶路时经常不注意脚下。于是，他指着远处的一个路标对学生说："这就是我们今天行走的目标，我们两个人今天进行一次行走比赛如何？"学生欣然答应，然后他们就开始出发了。

学生正值青春年少，步履轻盈，很快就走到了老师的前面，柏拉图则在后面不紧不慢地跟着。柏拉图看到，学生已经离那个土坑近在咫尺了，他提醒学生"注意脚下的路"，而学生却笑嘻嘻地说："老师，我想您应该提高您的速度了，您难道没看到我比您更接近那个目标了吗？"

他的话音刚落，柏拉图就听到了"啊！"的一声叫喊——学生已经掉进了土坑里。这个土坑虽然没有让人受重伤的危险，但是它却足以使掉下去的人无法独自上来。

学生现在只能在土坑里等着老师过来帮他了，柏拉图走过来了，他并没有急着去帮学生，而是意味深长地说："你现在还能看到前面的路标吗？根据你的判断，你说现在我们谁能更快地到达目的地呢？"

聪明的学生已经完全领会了老师的意思，他满脸羞愧地说："我只顾着远处的目标，却没走好脚下的每一步路，看来还是不如老师呀！"

一个人拥有智慧的头脑是值得骄傲的，但是聪明并不代表一切，聪明是天赋，是先天的优势，但是成功却是1%的天赋加上99%的汗水。倘若你比他人有天赋，那说明你比他人离成功更近，有更多的资本走上成功的捷径，但并不代表着成功。如果仅仅想要依靠聪明的天赋来成就一番事业，而不愿意脚踏实地、勤奋努力地做事，即使有再高的天赋也是无用的，因为成功还需要付出和努力。

聪明也并不代表智慧。很多人在不同的方面都有些小聪明，但真正有大智慧的人却寥寥无几。

莎士比亚提醒我们，千万不要自作聪明，变成“一条最容易上钩的游鱼”，“用自己全部的本领”来“证明自己的愚笨”。

一个人如果把心思过多地用在小聪明上，他必定没有精力去开发和培植他的大智慧。聪明和智慧是两个不同的概念，智慧有益无害，聪明益害参半，把握不好的小聪明则贻害无穷。

拥有太多小聪明的人，往往都用于追逐眼皮子底下的急功近利，看不到长远的根本利益。相反地，具有大智慧者很少会在众人面前炫耀自己的聪明才智，他们更不会自作聪明地干一些实际上愚蠢至极的事情。真正的聪明者不需要通过投机取巧来加以表现，自作聪明者常常反被自以为是的小聪明所累。

一位哲人说过：“投机取巧会导致盲目行事，脚踏实地则更容易成就未来。”

我们的成功需要智慧，更需要脚踏实地的付出。人要站得牢才会走得稳，投机取巧走捷径或许在一时能得到好处，但是因为没有厚实的基础，脚步太过于轻快，导致的结果只会是在长途跋涉中落后于别人。作为一个渴望获得成功的人来说，我们的眼光永远看向前方，但是前进的道路却在我们脚下，只有实实在在地走好每一步，才能走得更远。

世界上绝顶聪明的人很少，绝对愚笨的人也不多，一般都具有普通的能力与智商。但是，为什么许多人都无法取得成功呢?

一个最重要的原因在于他们习惯于投机取巧，用小聪明来替代所必须要付出的心血，不愿意付出与成功相应的努力。人们都懂得“宝剑锋从磨砺出，梅花香自苦寒来”的道理。可是一旦摊上自己做事，马上就又回到“投机取巧”的“捷径”上去了。

踏实地工作，是为了踏实的生活

在我们的周围，如果留心，随时都可以听到类似这样的谈话：

——最近怎么样？

——嗨！凑合活着，混口饭吃吧！

事实上，现实中有这种想法的人很多，他们工作就是为了养家糊口，当然，这并没什么不对。问题是，人活这一辈子，除了养家糊口之外，应该有更高层次的追求，如果只是为了供应自己的一张嘴，那恐怕与动物没什么区别了吧。

参加工作之初，大部分人的想法都是要“糊口”，从道理上讲，“糊口”应该是前提和条件。如果一个人连饭都吃不上，却整日想入非非，这岂不令人好笑？因此有的人说“工作就是为了糊口”，这件事并不可耻，但问题是，不能只为了“糊口”而工作，如果只是这样，做个乞丐就好了！如果你不想当乞丐，那就不应该仅以“糊口”为满足，而应该努力工作，为了理想、抱负，为了自己生活得更好。

看看下面这个例子，也许我们从中能悟出这个道理。

曾经有一名男子，中学毕业就到饭店当打杂的，当时也并不是特别喜欢这份工作，但当时除了学厨师不知还有什么工作可做，于是就迷迷糊糊地一直混到当兵。退伍后一时找不到合意的工作，他又回到了原先的本行。眼看已经二十几岁，有了“前途”的压力，于是他为自己立下了一个目标——既然只得去当厨师，那就好好干，干出点名堂，便于自己以后更好地生活。从此，他每天工作的目标一下子有了很大的转变，他不再是为了糊口，打发时日，而是为了使自己过上舒适的生活，能生活得更好而努力工作。因此，除了跟饭店厨师学习之外，他还不断收集相关书籍，甚至跟着其他比较有名气的厨师学习。

不到两年，他由打杂的升为助理厨师，并且很快就闯出了名气，他还自创了美味水果沙拉。后来，他向亲戚朋友借了点钱，开了一家属于自己的饭店。

这虽然是一个平淡无奇的故事，但就是这么一个小人物的平凡故事，告诉了我们一个深刻的道理，努力工作是为了更好的生活。人生下来不能仅仅为了糊口，其实糊口并不难。人要努力工作，为了使自己生活得更好！

有的人将工作看成是谋生的手段，不去工作就养活不了自己，养活不了一家的老老少少；有的人将工作看成追求理想的过程，认为在工作中不断地拼搏，等到功成名就时，自己的人生价值才得以实现；有的人把工作看成是施展自己才能的舞台，他们愿意把自己的热情全部释放出来，在工作中、在认可中、在赞扬声中找到自己的乐趣；也有的人把工作就当成工作，没有什么特别的，就好像每天要吃饭，每天要睡觉一样，是人活着的必然规律，是一个人必须要做的事情。

五花八门的工作目的，我们也很难说究竟哪个是对的，哪个是错的。从经济学上讲，生产是为生活服务的，也就是今天我们说的工作是为了更好的生活，但这不是生活的全部。当我们的生活已经很富足、不为衣食所忧时，我们应该权衡一下，努力工作是否使自己生活得更好了。

也许，我们多数人并不能理解这些人对生活及工作的态度，但在许多人看来，这就是他们想要的生活方式。求职、工作的观念，在他们这里有了很大的变化。他们有一个共性：上班少了些谋生的沉重，多了些灵活和率性。对于这些成功的人来说，加薪晋职有时并不是很重要的，他们似乎更愿意放弃工资提升、职位晋升来换取更多的闲暇时间和各种各样的生活方式。在这些事业成功者的眼中，工作是为了生活不假，但这并不是生活的全部内容。如果工作已经严重影响到你的生活，这时你就得重新考虑了。

成功都是不断努力的结果

因为有太多偶然因素存在，所以谁都不能在努力和成功之间划等号，因为很多时候努力的结果不一定是成功，但是这并不等于说成功不需要努力。相反，努力可能不成功，但不努力一定不会取得成功。

2004年的雅典奥运射击场上，美国名将埃蒙斯在男子步枪50米三姿决赛中，在最后一枪打出了10.6环的“优异成绩”，但却打在了其他选手的靶上，最终他被判脱靶，痛失本属于囊中之物的金牌，中国选手贾占波也因此极富戏剧性地获得那枚金牌。2008年的北京奥运男子步枪50米三姿决赛中，埃蒙斯在保持巨大领先优势的情况下，最后一枪竟然只打出4.4环的成绩，又一次与奥运金牌擦肩而过，冠军的宝座转瞬间被中国选手邱健夺得。

有人说贾占波和邱健都是侥幸才得到金牌，如果不是埃蒙斯失手，他们是不会得到金牌的。贾占波和邱健夺冠，真的是出于侥幸吗？其实，邱健和贾占波的成功绝非偶然。因为奥运赛场上竞争异常激烈，运动员之间不仅仅是比赛技能，还要比智慧、比沉着、比毅力、比细致、比勇敢、比耐心等等。不可否认，埃蒙斯相对于其他选手的确是技高一筹，但是，他在关键时刻没有把握好机会，最终留下遗憾。而邱健和贾占波，虽然在技术上可能比埃蒙斯略逊一筹，但他们始终紧“咬”住埃蒙斯不放，更在关键时刻保持沉着、冷静和清醒的头脑，最终赢得了比赛。这样的胜利，肯定不能用偶然去评说，即使是偶然，也是偶然中的必然。因为任何成功都绝非偶然，而是不断努力、不断积累的结果。奥运赛场如此，我们做其他任何工作和事情又何尝不是如此呢？

大洋两岸的美国和日本，有两个年轻人都在努力奋斗着。美国人整天躲在租住的地下室里，把数百万计的股票K线一根根画到纸上，然后贴到墙上，眼睛眨也不眨地盯着这些K线。他一边看，一边静静地思索着。后来，他干脆跑到美国证券市场，把证券市场有史以来的所有记录都抱了回去。在狭小的地下室里，他废寝忘食地研究这些杂乱无章的数据，努力寻找着一些规律性的东西。由于整天研究这些东西，他的生活非常拮据，很多时候只能靠朋友接济来勉强度日。

在大洋彼岸，那个日本人每月都把自己收入的三分之一雷打不动地存入银行，虽然很多时候他也会拮据，但他依然咬牙坚持，照存不误。有时实在坚持不下去了，他宁可借钱也不去动银行里的存款。

两个年轻人在各自的世界里坚持了6年这样的生活。6年里，那个美国人集中研究了美国证券市场的走势与古老数学、几何学、星象学的关系，那个日本人则靠顽强的毅力积攒下了5万美元。

就在这个时候，那个美国人发现了有关证券市场发展趋势的重要预测方法，从而靠着自己发现的“控制时间因素”理论成了一个白手起家的神话人物。他就是“波浪理论”的创始人威廉•江恩。与此同时，那个日本人靠着自己在艰苦岁月里仍坚持积累财富的经历打动了一位赫赫有名的银行家，从而获得了100万美元的贷款创立了自己的公司。他就是麦当劳在日本第一家分公司的老板藤田田。

看完这则故事，或许有不少人会认为，我要拿这个故事来证明美国人比日本人更聪明、更成功。其实不然，我只是想告诉大家成功没有定式，也无所谓什么方法和途径，更不在于什么幸与不幸，而在于不断努力，在于一点一滴的积累。

可以说在这个世界上不可能存在无缘无故的成功，成功向来都只宠爱那些为之付出过艰辛努力的人。

方杰在奥普浴霸的创建和推广方面取得了不小的成绩，随着奥普浴霸的名声远扬，大家对方杰也开始感兴趣了，有人说方杰的成功简直太顺利了，事实又是什么样的呢？

其实早在澳大利亚留学的时候，方杰就已经开始在澳大利亚最大的灯具公司 LIGHTUP 打工。当时他还不懂商业谈判，他知道自己的缺陷，很希望学会谈判的本领。他知道当时的老板是一个谈判的高手，但是脾气不好，底下的员工总是暗地里说他的不是，而方杰没有这样做，他觉得应该看到老板的长处，老板的谈判能力是无人可比的！而且，老板之所以对自己发脾气，是因为自己有做错的地方，所以，与其暗地里批评老板，还不如多向他学习，主动认真地反省自己的不足。

从那以后，每当有机会与老板一起进行商业谈判的时候，方杰总是在口袋里揣上一个微型录音机。他将老板与对方的谈判内容一句句地录了下来，然后再回家听，并仔细揣摩、学习对方是怎样提问，老板又是怎样回答的。就这样，几年后他也成为了商业谈判的高手。

后来老板退了休，把位子让给了他。到了 1996 年，方杰差不多成了澳洲身价第一的职业经理人。他不想当打工仔了，想回国自己创业。奥普浴霸就是在这样的背景下做成的。

方杰并非天生就是一个生意人，但他的成功过程让很多人明白，世界上没有无缘无故的成功，任何人的成功都与自强、自立和自我努力分不开。

所以，永远不要幻想什么都不做，只需躺在床上，第二天醒来你就能够成为一个成功的人了，即使有唾手可得的机会，那种情况也只会发生在努力者的身上，而不会发生在一个从不努力的人身上，因为就像天上从来不会掉馅饼一样，成功也不会从天而降。

第05辑

大胜常在险中求，未来属于有胆量的人

冒险可以激起那些安于现状的人的兴趣与热情，也可以使小有成就的人进一步积聚资产。冒险是一切成功事业的开端，美好的未来在冒险中诞生。初入职场或者社会的人，不要惧怕那些未知的领域，敢于尝试才能抓住更多的机会。

敢于尝试，未知的领域有更多机遇

生活中的很多东西实际上是这样的，“看着黑”，走下去却发现“光明一片”。没有多少社会经验的人常会感到自己的前途一片迷茫，无从行动，恍然觉得眼前一片黑暗。生活的经验却告诉我们：人生需要尝试。如果我们能够尝试着向前走，不畏艰难和黑暗，就会发现并没什么可怕的。

在一个看上去并不起眼的小酒吧里，有一位年轻人每天专注地弹奏着钢琴，他弹得非常好。有一次，一位中年顾客对这位年轻人说：“我每天来听你弹奏曲子，不如你唱首歌给我们听吧。”中年顾客的提议得到了不少人的响应和附和。

年轻人显得非常为难，他向大家表示自己从来没有学习过唱歌，他只学习了弹奏乐器，并说自己长年累月在这里只弹琴，唱歌恐怕会很难听。

大家却仍然鼓励他唱歌给他们听，有人说：“年轻人，试试吧，你说你从来没有唱过歌，说不定你还是个歌唱天才呢，只不过你自己还没发现罢了。”

因为自己并没有经过这方面的专业练习，年轻人仍然怕自己万一唱得不好会出丑。于是他坚持说不会唱歌，只会弹琴。酒吧的经理怕他扫了大家的兴致，得罪了顾客，就对他说：“你要么选择唱歌，要么另谋出路。”

年轻人被逼无奈，只好红着脸唱了一曲《蒙娜丽莎》。大家都被年轻人那流畅自然、男人味十足的歌声迷住了。年轻人这一唱，可以说是一鸣惊人，大家纷纷鼓励他向歌坛进军。

年轻人终于又一次认识了自己，他决定向流行歌坛进军。为了实现这个目标，他放弃弹奏乐器的艺人生涯，每天清晨开始练歌。

后来这位年轻人成为了著名的歌手，他就是美国著名的爵士歌王纳京高。

有人说，人生奋斗有这么几个阶段，第一个阶段是尝试，第二个阶段是竞争，第三个阶段是合作，第四个阶段是搏杀。如果一个人连尝试一下的勇气都没有的话，那么想取得成就也便无从谈起了。只有勇于尝试，才能挖掘到机会发现自我。

未知的领域存在更多的机遇。对一个处于创业阶段的人来说，尝试有可能让他取得成功。但当一个人在自己的路上已经奋斗了很长时间，就往往不愿去尝试新的领域，是已经有的生活保障“拖累”了他。如果敢于在做好充分准备的情况下挑战新领域，也有可能取得意想不到的成功。

1994年底，马云首次听说互联网；1995年初，他偶然去美国，首次接触到互联网。对电脑一窍不通的马云，在朋友的帮助和介绍下开始认识互联网。敏感的马云意识到：互联网必将改变世界！随即，不安分的他萌生了一个想法：要做一个网站，把国内的企业资料收集起来放到网上向全世界发布。

此时，刚刚步入而立之年的马云已经是杭州十大杰出青年教师，校长还许诺他外办主任的位置。但是，特立独行的马云挥挥手，放弃了在学校的一切地位、身份和待遇，毅然下海。

此时，互联网对于绝大部分中国人还是非常陌生的东西；即使在全球范围内，互联网也才刚刚开始发展，无疑，这是一个全新的领域。大洋彼岸，尼葛洛庞帝刚刚写就《数字化生存》，杨致远创建雅虎还不到一年；而在北京，中国科学院教授钱华林刚刚用一根光纤接通美国互联网，收发了第一封电子邮件。

“我请了24个朋友来我家商量。我整整讲了两个小时，他们听得糊里糊涂，我也讲得糊里糊涂。最后说到底怎么样？其中23个人说算了吧，只有一个人说你可以试试看，不行赶紧逃回来。我想了一个晚上，第二天早上决定还是干，哪怕24个人全反对我也要干。”马云选择了尝试新的领域，他的成功有目共睹。

当时马云的工作还是不错的，但他并没有因此满足，而是向更高的目标追求。

那些具有过度安稳心理的人常常会失掉一次次获得财富的机会。其实，人生就像流水中的落叶，有的落叶在一个地方打转转，有的落叶则乘着激流往下游奔去。也只有奔向未知地方的落叶，才能够发现新的机会，能够看到沿途的风景。

当然，尝试并不是豁出一切去做事，不是冒着极大的生命危险去做事。如果尝试的后果是生命的结束，那只能算是愚蠢地找死。尝试必须有保障，必须可控。用一个数学逻辑来解释的话，那就是：自己的力量向外投入 50%，留下 50%是可控的。当尝试没有结果时，还可以退回来。

对勇敢者，尝试是一种生活道路。但凡成功者，都曾有很多次尝试的经验。去尝试吧，未知的领域中其实存在着更多的机会，而生活中还有那么多未知的领域，机遇就在其中，只需鼓起勇气。

能够冒险，才能抓住成功的机会

机会往往是未来在人们面前的一次提前预演。有些人看到了未来的繁华景象，有些人看到了未来的狰狞面目。对未来的恐惧阻碍着人们对机会的认知与把握，面对着无法预测的未来，人们更愿意安稳地守护自己目前的财富。然而，机会就像是海市蜃楼，它不会坐等你对它的赏识。如果你畏首畏尾，不敢冒险，那么它展现在你眼前的图景再美，也只能是一座虚幻的海市蜃楼。

日本大都不动产公司创始人渡边正雄正是通过不断冒险，将心中的海市蜃楼变为了真实的商业帝国。

在最初的经商过程中，渡边正雄就发现了不动产业是一个十分有前途的行业。这个行业还处于幼年时期，竞争者较少，因此，他十分想去经营。但是，他一没有资金，二没有经验，根本不可能马上实现自己的愿望。于是，他找到了大藏不动产公司，希望可以从那里得到一份工作，以便为自己今后的事业打下基础。但是大藏不动产公司并没有接受他。

为了从事不动产的工作，渡边正雄做出了第一个冒险行动：他请求大藏不动产公司能提供给他一个为期一年的工作。渡边正雄承诺，在这一年期间，他不要任何薪水。就这样，渡边正雄开始了自己的不动产事业。在这一年中，他拼命工作，掌握了关于不动产方面的大量信息和相关的工作经验。

正当大藏不动产公司打算高薪聘请他的时候，渡边正雄又做出了第二个冒险行动：他拒绝了公司的邀请，并千方百计筹集到了一笔资金，开始了自己的不动产经营事业。

创业之初，资金匮乏，渡边正雄不得不节省每一分钱才能使公司正常运转。但是，当有人向他推荐一块别人都不愿意要的土地时，他却做出了自己的第三个冒险举动：买下了那块土地。这是一块有着几百万平方米，价格便宜的土地。虽然紧邻天皇的御用土地，但是当时这里人迹罕至，十分荒凉，更不用说什么公共设施了。

同行对于渡边正雄的举动都嗤之以鼻，但是，渡边正雄却认为这是一个很好的机会。

随着经济的发展，对于住房，人们也渐渐有了不同于以往的观念。城市的聒噪和污染使人们开始向往田园生活。于是，渡边正雄开始利用人们的心理大力宣传自己的这块土地。经过一年的时间，渡边正雄就把这块几百万平方米的土地卖掉了8成，成功赚到了50亿日元。

之后，他利用赚来的钱投资道路、公共设施，并在剩下的土地上盖上别墅。经过3年时间，渡边正雄便将自己的这块土地变成了一座充满魅力的小镇。渡边正雄也通过这块土地，使自己的资产达到了数百亿日元。

渡边正雄这样评价自己的成功：“我之所以能够取得成功，是因为我敢于冒险。”

财富总是偏爱那些勇敢者。很多人都抱怨没有机会展示自己，没有机会赚取人生的第一桶金。其实，机会并不是没有来临，而是当机会敲门的时候，你却害怕外面敲门的是一只怪物，将它拒之门外了。我们喜欢走别人的老路，认为别人取得成功的道路，才是我们应该把握住的机会。这种安乐的想法，使我们误失了机会。因为每个人都认为是机会的机会，往往并不是真正的机会。机会从来不会一览无余地暴露在众人面前，它只会羞羞答答地出现在少数人身边。

因此，只有敢于冒险，我们才能抓住真正的机会。正如渡边正雄所说："我总是倾向于选择那些别人认为无利可图的项目，因为只有别人还没有识别出的机会才称得上是黄金机会。虽然这样做要冒一定的风险，但是不冒险就不能取得巨大的成功，只要有一半的成功几率，就值得我们为之冒险。"

要想成功，就别让过慎捆住了手脚

冒险的背后意味着什么，许多人都很清楚。一半的成功和一半的失败是两种完全不同的结局。成功之后，鲜花、掌声、名誉地位等等都会随之而来，失败之后，屈辱、损失、甚至生命的陨落也会席卷过来。因为过慎、畏惧，胜利之后的种种美好虽然在许多人的眼前招摇，可一想到失败之后所有不堪忍受的苦楚，他们还是选择了放弃冒险。这种畏首畏尾的人因为吃不了苦，所以也享不了福。

石油界的亿万富翁保罗•格蒂是一位最走运的人，但早期他走的却是一条弯弯曲曲的路。上学的时候他认为自己应该当一位作家，后来又决定要从事外交部门的工作。可是，出了校门之后，他发现自己被俄克拉何马州迅猛发展的石油业所吸引，搞石油业偏离了他的主攻方向，但他在胆量的驱使下想试试自己的运气。

格蒂通过在其他开井人的钻塔周围工作筹集了钱，有时也偶然从父亲那里借些钱。因为他的父亲严守禁止溺爱儿子的原则，他可以借给儿子钱，但却从不送钱给儿子。年轻的格蒂是有勇气的，但不是鲁莽的。如果一次失败就足以造成难以弥补的经济损失的话，这种冒险事他从来没有干过。他头几次尝试都失败了，但是在1916年，他碰上了第一口高产油井，这个油井为他打下了幸运的基础，那时他才23岁。

是走运吗？当然。然而格蒂的走运是应得的，他做的每一件事都没有错。那么格蒂怎么会知道这口井会产油呢？他确实不知道，尽管他已经收集了他所能得到的所有材料。

“机会总是存在的。”他说，“你必须相信机会的存在。如果你一定要求有肯定的答案，那你就会捆住自己的手脚。”

格蒂的好运是受大胆所赐，他虽然也很谨慎，但他不会放弃可以成功的任何机会。做事谨慎一点当然很好，但不能因为怕跌倒就不再走路。没有冒险的人生不够精彩，没有冒险勇气的人不够成功。站着不动虽然跌倒的机会很小，但站着不动就可能错过你该拥有的美好。

美国CNN电视台的创始人特纳就是靠着他的冒险精神建立了第一个个体经营24小时的新闻电视台。

特纳在创建CNN电视台之前，已经拥有了两家电视台。但特纳对此并不满足，因为在他的前面有3家实力雄厚的广播公司：美国广播公司（ABC）、全国广播公司（NBC）、哥伦比亚广播公司。这3家大的广播公司已经独霸美国几十年，特纳的“超级电视台”和它们相比实在是太渺小了。所以，特纳一直想着如何超越它们而成为一流的电视台。

经过仔细考虑，他把目标落在了24小时电视新闻这个需要冒险精神的领域，因为24小时的电视新闻还没有一家电视台能够做到。谁都知道经营电视新闻是一个赔钱的买卖。它的制作费用相当高，美国三大广播公司只经营时间有限的那么一点电视新闻，每年还要亏损1.5亿美元。特纳现在要经营电视新闻，还想搞24小时制，这是一场冒险。但特纳认为这是一块值得开垦的处女地，如果真的能把电视新闻办好了，人们一定会愿意收看。到那时，电视台一定会声名远扬。他认为，这个险值得冒。

为此，他进行了一系列的准备工作。经过不懈的努力，24小时电视新闻网CNN终于在1980年6月1日正式成立了。他的下一个目标就是进入白宫记者团，这又是一个冒险行为。因为当时只有三大电视网才有机会进入白宫记者团，进入白宫报道政府及总统的事务。三大电视网雄踞白宫，哪会把一个小小的CNN放在眼里，他们当然也不愿意CNN进入白宫和他们抢新闻。所以，他们凭借实力雄厚和资格老制造种种借口，阻挠CNN进入白宫记者团。同时，白宫也没有把新成立不久的CNN放在眼里，拒绝接纳CNN。这时，特纳运用自己的聪明智慧，想方设法实现理想。他决定起诉白宫，起诉当时的总统里根等人，状告他们违反了《公平贸易法》。这无疑是一个冒险的决定，但特纳认为自己正在进行有理有节的斗争。在起诉之前，他已经查阅和研究了美国法律，他有信心打赢这场官司。果然，8个月以后，特纳胜诉，CNN在白宫记者团获得了一个高级记者的席位，特纳的冒险使CNN电视台又一次获得了成功。虽然CNN获得了和三大电视网平起平坐的地位，但特纳没有满足现状，他决心再向前迈进一步。

1981年8月30日，里根总统在华盛顿希尔顿饭店门前遇刺。CNN获悉这一消息后，马上对此进行了首家新闻报道，比其他广播网早报了2分钟，比电视网早报了4分钟。但特纳想：如果能够获得遇刺现场的录像带，就更直观、更吸引观众了！可是，到哪里去获得录像带呢？按照老规矩，CNN将等待负责白宫报道的ABC电视网把录像带传过来才能放映。这样岂不是要落后一大截？特纳知道惟有冒险、探索才能创造辉煌，但是冒险又不等于蛮干，他先查阅了当时的规定，确信自己没有违反规则，当ABC播出枪击现场的录像时，特纳就和他的合作伙伴里斯把录像转录下来，然后就播出了。就这样，特纳和CNN电视台的工作人员不辞辛苦地工作着，当三大电视网关闭广播的时候，CNN仍然在孜孜不倦地向人们报道里根总统遇刺后的情况，人们可以随时收看总统的身体状况和遇刺事件。一些地方电视台开始转播CNN的报道，CNN也因此家喻户晓，特纳就是用自己的冒险精神使CNN电视台成为了24小时电视新闻的领头羊。

特纳的经历告诉我们，在社会上闯，敢于冒险是非常必要的。有了冒险精神，就会使我们敢想敢干，这样才有机会成功。

败在畏首畏尾，成在敢拼敢闯

我们在社会上闯，就是想赢得自己希望得到的东西，就不得不进行必要的投入，有时包括冒生命危险。而那些做事畏首畏尾的人是不会得到自己想要的东西的，尤其是在这个快速变化的世界里，畏首畏尾的人很难跟上现代的步调。相反地，遇事敢于放手一搏，敢于做决定的人往往能紧握命运的缰绳，争取自己想要的一切事物，在人生的旅途中纵情驰骋，一路高歌。正如爱迪生所说："不要试图用语言证明你是什么样的人，你是否有成就在于你是否有行动的习惯，一种是畏首畏尾，它决定了你永远没有成功的机会；另一种是敢拼敢闯，它注定你脚下的路必然通向罗马。"

威廉·奥斯勒在学生时代时，生活就充满忧虑，做什么事情都瞻前顾后，畏首畏尾。一次偶然的机会，他读了汤姆士·卡莱里的一本书，其中有一句话："最重要的就是不要用过去的阴影看远方模糊的未来，而要毫不犹豫地做手边清楚的事。"就是这句话造就了他日后敢于放手一搏的性格，使他成为那个时代最有名的医学家，他创建了全世界知名的约翰霍普金斯学院，成为牛津大学医学院的钦定讲座教授，这是英帝国学医的人所得到的最高荣誉，他还被英国国王加封为爵士，后来他把自己的成就解释为："用铁门把过去和未来割断，在完全独立的今天里用百倍的勇气做自己想做的事。"这句话影响了他所有的学生和成千上万的英国青年。

在这个世界上，人生最美好的部分是过程。活得朝气蓬勃，还是萎靡不振，全在于自己。因为世界上有许多无法预知的东西，充满了风险和不确定性，有些风险一旦成为现实，就足以导致生命的丧失。但是，我们若想赢得自己希望得到的东西，就不得不进行必要的投入，有时包括要有很大的勇气去冒险，敢于放手一闯。这样，你才会获得人生最大的收获。

1862 年，诺贝尔开始了对硝化甘油的研究。这是一个充满危险和牺牲的艰苦历程。死亡时刻都在陪伴着他。在一次进行炸药试验时发生了爆炸事件，实验室被炸得无影无踪，5 个助手全部牺牲，连他最小的弟弟也未能幸免。这次惊人的爆炸事故，使诺贝尔的父亲受到十分沉重的打击，没过多久就去世了。他的邻居们出于恐惧，十分反对诺贝尔的试验，纷纷向政府控告诺贝尔，此后，政府不准诺贝尔在市内进行试验。但诺贝尔百折不挠，他把实验室搬到市郊湖中的一艘船上继续实验。经过长期研究，他终于发现了一种非常容易引起爆炸的物质——雷酸汞，他用雷酸汞做成炸药的引爆物，成功地解决了炸药的引爆问题，这就是雷管的发明。它是诺贝尔科学道路上的一次重大突破。

破山开发、河道挖掘、铁路修建及隧道的开凿，都需要大量的烈性炸药，所以硝化甘油炸药的问世受到普遍欢迎。但这种炸药存放时间一长就会分解，强烈的振动也会引起爆炸，在运输和贮藏过程中曾发生了许多起事故。瑞典和其他一些国家发布禁令，禁止任何人运输诺贝尔发明的炸药，并明确提出要追究诺贝尔的法律责任。但是，诺贝尔没有被吓倒，他又在反复研究的基础上，发明了以硅藻土为吸收剂的安全炸药。两年以后，一种以火药棉和硝化甘油混合的新型胶质炸药研制成功。新型炸药不仅有高度的爆炸力，而且更加安全，在科技界受到了普遍重视。诺贝尔在已经取得的成绩面前没有停步，当他获知无烟火药的优越性后，又投入了混合无烟火药的研制中，并在不长的时间里研制出了新型无烟火药。

畏首畏尾不能帮你解决任何问题，它只能白白地消耗你的时间和精力。而时间和精力对于一个人来说是最有价值的财富，况且，它们一旦白白地被消耗掉，便无法补救。因此，闯在这个社会，就要有一个明确的思路，敢拼敢闯，敢于放手一搏，这样才能让你稳稳地执掌你的人生之舟，乘风破浪，勇往直前，顺利地驶过暗礁和险滩，抵达胜利的彼岸。

凡事求稳，会让你一无所成

如果你总是抱着凡事求稳的想法不放，那么你的日子就会像一潭死水，永远无法激起波澜，你因此永远无法闯出成功。所以，必要的时候，还是要冒一点险，该出手的时候不出手，成功的机会就从你身边溜走了。

李修明常常这样感叹："我这一辈子，要不是胆太小，早就出息了！"说来也真是可惜，20世纪90年代初，李修明30来岁，正处在人生的黄金岁月。李修明的一个老同学雄心勃勃地来找李修明和他一起去深圳"淘金"。去不去呢？李修明考虑再三，最终拒绝了老同学的提议：自己的工作虽然枯燥乏味，但毕竟是铁饭碗呀！凡事还是求稳比较好。老同学却果断地辞了职，潇潇洒洒地直奔特区，听说现在已经是一个身价千万的大老板了。令李修明痛悔的事还不只这一件：8年前，李修明所在的钢铁集团准备改组上市，并允许职工优先认股，每股作价38元。按规定李修明可以认购500股，然而凡事求稳的习惯使李修明又把这个机会放过了，他认为股票一跌就会变成废纸，还是别拿钱冒险的好，于是他把自己的认股权以1000元的价格卖给了同事。没想到，公司一上市，股价节节高升，一个月之内，股价竟然涨了10倍，看着同事们一个个喜气洋洋，李修明后悔地大病了一场。像这样的事儿还有不少，所以李修明有句口头禅就是："我这一辈子，就毁在胆儿太小上了！"

凡事求稳，使李修明错失了一次次良机，只能一辈子生活在悔恨里。其实，在社会上闯的人都应该有敢于冒险、马上行动的胆略，如果太过于求稳的话，就会一事无成。

汉明帝时，班超奉命带36人去西域鄯善国，谋求建立友好邦交关系。

刚到该国，鄯善国王对汉朝使团十分恭敬殷勤，但几天后，态度突然变了，且变得越来越冷漠。班超警觉起来，派人打听，原来是匈奴一个130多人的使团正在暗中加紧活动，向鄯善国王施压，欲把鄯善国拉向北方。

形势十分严峻，班超对大家说：

“现在匈奴使团才来几天，鄯善国就对我们逐渐疏远了，倘若再过几天，匈奴把他彻底拉过去，说不定会把我们抓起来送给匈奴讨好。到那时，我们不但完不成使命，恐怕连性命都难保！怎么办？”

“生死关头，一切全听您的。”随从们态度坚定，但也表示担心，“我们毕竟只有36人，我们能怎么办呢？”

班超斩钉截铁地说：

“不入虎穴，焉得虎子。今天夜里就行动，以迅雷不及掩耳之势，一举消灭匈奴使团！唯有如此，才有可能使鄯善国王诚心归顺我们汉朝。”

当天深夜，班超带领36个人，借着夜色掩护，悄悄摸到匈奴人驻地，对130多人的匈奴使团、几倍于自己的敌人，毅然发动了袭击，并一举歼灭了他们。

第二天早晨，班超捧着匈奴使者的头去见鄯善国王，国王大惊失色。

匈奴使者被杀，鄯善国王已经不可能再和匈奴人修好，于是只好同意和汉朝永久友好。

该出手时就出手，不要被险境唬住，战胜“恶魔”首先要战胜自己！

很多时候，看似最危险之处，也许就是最安全之处；看似最强大之处，也许就是最薄弱之处。如果总是求稳的话，你就会错过机会，冒点风险去行动，可能就会产生不一样的结局。

第二次世界大战期间，纳粹德国给世界各国人民带来了巨大的灾难。但在战争期间，其将领们也给战争史留下许多经典战例。

1942 年 2 月 12 日下午，英国海军和空军重兵布防的英吉利海峡上空，一架英国战斗机正在例行巡逻。突然，飞行员发现有一队德国舰队大摇大摆地从远处开了过来，他立即将这一发现向司令部报告。英国司令部的军官们大惑不解：德国舰队怎么可能在大白天从英吉利海峡通过，是不是飞行员搞错了？英国人忙于思考和争论，却没顾及到时间正在一分分溜走。直到过了近一个小时，又一架英军侦察机发现德舰已经闯入海峡最窄也是最危险的地段了，并且正在全速行驶。英军指挥官们这才意识到敌情的严重性，等他们判定真相，调集部队，下令进攻时，德国舰队已经远离了最危险的地段，给其致命打击的机会已经丧失。整个下午，英军虽然不断出动飞机、驱逐舰对德国舰队进行拦截，但由于仓促上阵，反而被严阵以待的德军予以沉重打击。就这样，德国人在英国人的眼皮子底下，将驻泊在法国布雷斯特港内的舰队顺利地移至挪威海面，增强了那里的战斗力。

原来，这一切都是德军为了完成这次战略转移精心策划的大胆行动。因为从法国到挪威有两条路线可走，一条是向西绕过英伦诸岛北上，这条航线路途遥远，费时费力，如果遭遇兵力占绝对优势的英国军队，后果不堪设想；另一条航线则是直穿英吉利海峡，但此处有英海空军的重兵布防，同样是危险重重。最后，德军指挥官经过反复权衡后，决定在英国根本没有想到的情况下，夜间出发，白天通过英吉利海峡最危险的多佛和加来之间的地段。这一大胆冒险的行动果然成功，庞大的德国舰队在飞机的掩护下，在英国人认为绝不可能的时候出现，在英军来不及判断和阻挠的情况下，明目张胆地闯过英吉利海峡，给英国人上了一堂生动的战争教学课。

无论在事业或生活的任何方面，我们可能都需要适当地冒点险。当然，在冒险之前，我们必须清楚那是一种什么样的冒险，必须认真地权衡得失，比如德军指挥官就是在反复权衡之后，才制定出冒险计划的，结果他们获得了成功。需要注意的是，冒险不是盲目草率的行为，不是瞎闯、蛮干，不是随心所欲，而是有目标、有计划的果断行动。

优秀的人在挑战“害怕”中成长

人们常常听到或看到男人对小孩说：别怕，有爸爸呢。当小家庭在社会上遇到什么事，男人也会对老婆说：别怕，有你老公呢。实际上男人的内心也有许多恐惧，比如怕黑、怕登高、怕蛇、怕小偷、怕失业、怕被人轻视等，可社会不允许男人自己害怕，而优秀的男人也正是在挑战害怕中成长的。

迈克•英泰尔37岁那年做了一个疯狂的决定：放弃自己薪水优厚的主编工作，把身上仅有的3美元捐给街角的流浪汉，只带了干净的内衣裤，决定由阳光明媚的加州，靠搭便车与陌生人的好心，横越美国。

他的目的地是美国东岸北卡罗莱纳州的“恐怖角”。这是他精神快崩溃时做的一个仓促决定，某个午后他“忽然”哭了，因为他问了自己一个问题：如果有人通知我今天死期到了，我会后悔吗？答案竟是那么的肯定。虽然他有好工作、美丽的同居女友和爱他的亲友，他发现自己这辈子从来没有下过什么赌注，平顺的人生从没有高峰或谷底。他为自己懦弱的前半生而哭。

一念之间，他选择北卡罗莱纳的恐怖角作为最终目的，借以象征他征服生命中所有恐惧的决心。

他检讨自己，很诚实地为他的“恐惧”开出一张清单：打从小时候他就怕保姆、怕邮差、怕鸟、怕猫、怕蛇、怕蝙蝠、怕黑暗、怕大海、怕城市、怕荒野、怕热闹又怕孤独、怕失败又怕成功、怕精神崩溃……他无所不怕，却似乎“英勇”地当了主编。

这个懦弱的男人上路前还接到奶奶的纸条："你一定会在路上被人杀掉。"但他成功了，4000多里路，78顿餐，仰赖82个陌生人的好心。没有接受过任何金钱的馈赠，在雷雨交加中睡在潮湿的睡袋里，也有几个像公路分尸案杀手或抢匪的家伙使他心惊胆战，在游民之家靠打工换取住宿，在几个破碎家庭留宿过，碰到不少患有精神疾病的好心人，最后终于来到恐怖角，接到女友寄给他的提款卡时，他恨不得跳上柜台拥抱邮局职员。他不是为了证明金钱无用，只是用这种正常人会觉得"无聊"的艰辛旅程来使自己面对所有恐惧。恐怖角到了，但恐怖角并不恐怖，原来"恐怖角"这个名称，是16世纪的一位探险家取的，本来叫"Cape Faire"，被讹写为"Cape Fear"，只是一个失误。

恐惧来源于内心的懦弱，像恶魔一样吞噬着心灵，一旦屈服于它，注定一辈子庸庸碌碌。在人生的每个十字路口，我们都要和内心的这个恶魔进行一番搏斗，战胜它，就能战胜所谓的命运。

人，的确莫名其妙地怕一些事情，它们像怪物一样都躲在我们心底一个叫做"恐怖角"的地方，时不时地跳出来骚扰我们。其实那个"恐怖角"尤如一条上了岸的活蹦乱跳的大鲨鱼，只要你保持平静，冷眼相待，貌似凶恶的大鲨鱼便会死掉。

第06辑

只有现在多吃苦，将来才会少受罪

不一定非得有一技之长人生才会有光明，蛮力往往都能给你带来命运的改变；不一定非得做轻松而体面的工作人生才有前途，脚踏实地做事就会给你带来成功。苦想没盼头，苦干有奔头。看一个人能否成功，就是看他有没有苦干精神。

现在多吃苦，是为了以后少吃苦

吃苦是成长的阶梯，是成功的垫脚石。正如飞蛾由蛹变茧、破茧而出的过程：由蛹变茧时，翅膀萎缩，十分柔软；在破茧而出时，必须要经过一番痛苦的挣扎，身体中的体液才能流到翅膀上去，翅膀才能充实有力，才能支持它在空中飞翔。

一天，有个人凑巧看到树上有一只茧开始活动，好像有蛾要从里面破茧而出，于是他饶有兴趣地准备见识一下由蛹变蛾的过程。

但随着时间一点点过去，他变得不耐烦了，只见蛾在茧里痛苦挣扎，将茧扭来扭去的，但却一直不能挣脱茧的束缚，似乎是不可能破茧而出了。

最后，他实在等得不耐烦了，就用一把小剪刀，把茧上的丝剪了一个小洞，让蛾出来得容易一些。果然，不一会儿，蛾就从茧里很容易地爬了出来，但是那身体非常臃肿，翅膀也异常萎缩，耷拉在两边伸展不起来。

他等着蛾飞起来，但那只蛾却只是跌跌撞撞地爬着，怎么也飞不起来，又过了一会儿，它就死去了。

蛾为什么会死？原因是蛾失去了成长的必然过程。蛾的成长必须在蛹中经过痛苦地挣扎，直到它的双翅强壮了，才能破茧而出，那些不经过痛苦挣扎而生的飞蛾势必夭折。人的成长也是如此，没有经过不幸、挫折、失败磨炼的人生难以承担大任，即使让其承担大任，也会因经受不住随之而来的艰辛、曲折、困难的考验而归于失败。

举世闻名的大文豪高尔基早年丧父，11 岁时就给资本家当学徒工，也正是这段苦难的童年使他懂得了人生，有了过人的深厚的生活阅历，为后来的文学创作打下了坚实的基础。

1915 年获得诺贝尔物理学奖的威廉·亨利布拉格，青年时在皇家学院求学。在那里读书的人大多是富有人家的子弟，亨利布拉格衣衫褴褛，拖着一双比他的脚大得多的破旧皮鞋。富家子弟诬陷他这双破皮鞋是偷来的。有一天，老学监把他叫到办公室，两眼死盯着他那双破皮鞋。亨利布拉格明白是怎么回事，他拿出一张小纸条交给学监。这是他父亲写给他的一封信，上面有这样几句话："儿呀，真抱歉，但愿再过一两年，我的那双破皮鞋你穿在脚上不再嫌大。如果你一旦有了成就，我就引以为荣。因为我的儿子正是穿着我的皮鞋努力奋斗成功的。"老学监看完信之后，被深深地感动了。

能吃苦的人才能享受到"苦尽甘来"的幸福。相反的，没吃过苦，不具备吃苦耐劳的品性的人，很难在布满荆棘的人生路上走出康庄大道来，即使你有优越的条件也不例外。试想，古今中外历史上又有几个纨绔子弟成就大业或有所成就呢？

就拿杜邦家族来说，这个家族是美国的亿万富翁。豪华的别墅、专用飞机、游艇和高级小轿车。然而，这个家族的后代却大都是平庸之辈。他们的精神世界苍白空虚，有时竟无聊到专门搞恶作剧，用绒布作食品馅招待贵客，或以数吨水泥散堆于邻居门前。他们躺在先人的财富上寻欢作乐，意志必然会颓废堕落。

在人生的旅途中，大凡成功者，都是先吃"苦"，然后才会获得"甜"的！所以，能吃苦就是一种资本，一种保证今后能够得到甜的资本。

一个大学毕业生在应聘时，由于读的大学并不出名，专业也不热门，因此考官不打算录用他。但在面试结束时，他向考官真诚地说了一句："我能吃苦！"这句话改变了考官的主意，就让大学生回去等消息。

第二天，考官专门去学校调查了该大学生，得知他的家境很贫寒，在学校期间一直吃苦耐劳。于是考官就决定录用他，因为这种能吃苦的人才是任何公司都欢迎的。

这个大学生求职的经历证明了一个道理：能吃苦，吃过苦，这就是资本！

哲人说："老年遭受艰难困苦是不幸的，这个道理人们普遍知晓。少年未经艰难困苦也是不幸的，这个道理却不是每个人都能明白的。"享乐在先，或许令人羡慕，但这只是一个过程，不会永远乐下去，走到终点便是苦。吃苦在先，同样也是一个过程，不会永远苦下去，走到终点便是甜。

铺垫未来，要有吃苦的精神

苦的滋味是什么？没吃过黄连的人应该不知道什么叫苦，可是，很多人没有吃过黄连，却也觉得苦，那是一种心灵上的苦，是一种无法言说的苦。而这苦让人感到生活的艰难，让人更加珍惜幸福的日子，以此祭奠曾经苦如黄连的岁月。

新华联集团的老总傅军就是吃过很多苦的人，他认为吃苦精神是他成功的核心素质之一，他总是说："要是没有吃苦精神，没有这种付出，我不可能成功。成功与不成功之间就隔了一层薄纸，成功者遇到困难能继续想办法解决，不成功者遇到困难就退缩了。"

傅军从小吃了很多苦，在17岁时失去了父亲，他的母亲当时身体也不太好，姐姐在很远的一个地方上班，家里还有两个妹妹和两个更小的弟弟需要照顾。可以说，家里的生活重担一下子落到了傅军一个人身上。

艰苦的岁月使得傅军突然坚强了许多，他一边参加工作，一边维持家用。可“屋漏偏逢连夜雨”，不幸和灾难接踵而至，先是一个弟弟去世了，后在失去亲人的悲痛中家里的房屋因为年久失修也轰然倒塌了。

面对突如其来的变故，傅军的精神受到了前所未有的打击，他一下子感到生活从未有过的艰辛，而这一切尽管再难，也要勇敢承担。

那时傅军当公安特派员，每个月的工资是31元，至少有20元要给家里用。“那时在公社吃饭，人家一顿吃两毛三毛，我只吃一毛钱。家里冬天烧煤要我自己拉回去，吃的粮也要我供应。我的一件草绿色的衣服，一件破棉袄，大概穿了6年时间，那是我父亲留下来的。一直到我当茶山岭党委书记的时候还穿着。”

从小磨练出的坚强和吃苦的精神成了日后傅军创业的财富，直到现在傅军还承认吃苦才能成功的真理：“普遍的情况是，只有吃过苦经过磨难的人才能成功。”

中国最大的汽车玻璃制造商、福耀玻璃董事局主席、中国财富百强榜富豪曹德旺，从一无所有到成功辉煌经历了无数的艰难困苦。

少年时代的曹德旺当过放牛娃，卖过烟丝，做过水果生意，修过自行车，经历了许多一天只吃两餐的日子，遭受过许多人的白眼。这一切伴随了多少艰辛和血泪？没有亲身感受过的人不会知道那种切身的疼痛，只有经历过的人才知道有多苦有多痛。

年轻的曹德旺当过知青，经受了特殊年代里的蹉跎岁月，那不仅有身体所受的苦，还有精神上的迷惘。他早期在苦难中磨砺出的坚毅个性和志存高远的性格使他最终走出了困惑。

在日后创业阶段，肯吃苦的曹德旺依然保持了这种宝贵的精神。在那段艰难的日子里，曹德旺天天泡在一线，和工人们吃住在一起。几经试验，他们终于做成了一种汽车玻璃万能模具。当时，敢想敢干的曹德旺通过购买上海耀华玻璃厂的旧设备图纸，成功完成了设备安装并投产，很快在当年实现盈利70多万元。

但如今在他看来，那是一段磨砺其品质并缔造其价值观的人生苦旅。生活上的困苦和精神上的挣扎，让年少的曹德旺过早品尝到了肉体与精神上的双重痛苦，也打磨出了他善良、坚毅的个性。

他说生活的苦难是试金石，会显示出一个人最丑恶的一面，也会显示出一个人最善良的一面。苦难的生活让他懂得了善良和坚强的重要。

所以吃苦精神对于一个人的成长至关重要，没有吃苦精神，在那一无所有的年代里，红军两万五千里长征何以能够成为现实？没有吃苦精神，中国共产党何以能够在物资匮乏的年代战胜敌人，缔造新中国？没有吃苦精神，袁隆平何以能够在那艰苦的岁月里研制出杂交水稻？没有吃苦精神，体育健儿何以能够在赛场上争得荣誉？没有吃苦精神，成功者何以能够创造一个又一个辉煌，开创一个又一个奇迹？

一个半世纪以前，很多人聚集在法国里昂的一个盛大宴会上，他们正在讨论一幅画说明了什么意思。有人说它表现了古希腊神话中的某些场景，有人说它描绘了古希腊真实的历史画面。看到来宾们一个个面红耳赤，吵得不可开交，气氛越来越紧张，主人灵机一动，转身请旁边的一个侍者来解释画面的意境。结果，这位侍者的解释令所有在座的客人都大为震惊，因为他对整个画面所表现的主题做了非常细致的描述，他的思路非常清晰，理解非常深刻，而且观点几乎无可辩驳。因而，这位侍者的解释立刻就解决了争端，所有在场的人无不心悦诚服。

有些人对这个其貌不扬的年轻人不以为然，他们轻蔑地问："那么你是在哪所学校接受教育的，先生？""我在许多学校接受过教育，阁下，"年轻的侍者回答说，"但是，我在其中学习时间最长，并且学到东西最多的那所学校叫做'苦难'。"这个侍者就是后来影响整个世界的一代哲学家——让•雅克•卢梭。

一个不肯吃苦的人是不会做出什么大事的，即使有幸成功，也不会体会到胜利后的甜蜜。苦是走向成功的必经之路，是上天为了让我们懂得成功不易而故意加给我们的考验。事实证明了他的说法的正确性，譬如林肯、洛克菲勒、克鲁斯·菲尔德、爱迪生和威斯汀豪斯，他们都有过不幸的童年，但他们后来都成功了。

吃苦能创造一个最好的自己

“幸运看来只会降临到每天工作 14 小时，每周工作 7 天的那个人头上。”这是哈默曾经说过的一句话，哈默是这么说的，同时也是这么做的，哈默在 90 多岁时仍坚持每天工作十多个小时的习惯。

哈默说过：“我成功的秘诀就是我比别人每天多工作几个小时。”对此沃伦·巴菲特也认为，培养良好的习惯是很关键的一环。一旦养成了一种不畏劳苦、敢于拼搏、锲而不舍、坚持到底的劳动品性，则无论干什么事，都能在竞争中立于不败之地。古人说，“勤能补拙是良训”，讲的也就是这个道理。

清末时梨园中有“三怪”，他们都是因勤学苦练成了才。

瞎子双阔亭，自小学戏，后来因疾失明，从此他更加勤奋学习，苦练基本功，他在台下走路时需人搀扶，可是上台演出时寸步不乱，演技超群，终于成为功深艺湛的名角。

另一位是跛子孟鸿寿，幼年身患软骨病，身长腿短，头大脚小，走起路来很不稳当。于是，他暗下决心，勤学苦练，扬长避短，后来一举成为丑角大师。

还有一位是哑巴王益芬，先天不会说话，平日看父母演戏，一一默记在心，虽无人教授，但他每天起早贪黑练功，长年不懈。艺成后，一鸣惊人，成为戏园里有名的武花脸，被戏班子奉为导师。

大凡有作为的人，无一不与勤奋有着难解难分的缘分。勤奋能塑造伟人，也能创造一个最好的自己。

以辩才出名的罗伯特·皮尔正是由于养成了反复训练、不断实践这种看似平凡、实则伟大的品格，才成了英国参议院中杰出、辉煌的人物。当他还是一个孩子的时候，父亲就让他尽可能地背诵一些周日训诫。当然，起先并无多大进展，但天长日久，滴水穿石，最后他能逐字逐句地背诵全部训诫内容。后来在议会中，他以无与伦比的演讲艺术驳倒他的论敌。但几乎没有人能猜到，他在论辩中表现出来的惊人记忆力，正是他父亲以前严格训练他的结果。

我们常常说："勤奋不是天生的，而是后天养成的。人一旦有了抱负和信念，就会勤奋。"

马克思花了40年的心血撰写了《资本论》。他从计划写作时起，为了避免计算上的错误，就利用"业余"、"养病"、"休息"等时间，刻苦钻研数学。为了收集材料，他仔细钻研和做过摘要的书达1500多种。写第一卷前两章，他从各种书籍中做摘要就达200多处。为了写好英国劳工法的20多页文字，他竟把英国图书馆里凡是载有英国和苏格兰调查委员会和工厂视察员报告的蓝皮书，都从头到尾读了一遍。在写作过程中，他几乎每天都到图书馆去查阅大量资料，晚上在家里常常工作到深夜。他在外出散步时总要带上笔记本，并且不时地将自己看到的、想到的和认为有用的东西都记在上面。他还常常在室内踱来踱去，一边走，一边思考，长年累月竟把门窗之间的地毯踩上了一条浅沟，好似穿过草地的一条羊肠小道。他经过勤奋的学习和研究，终于在逝世前完成了《资本论》第一卷和第二卷、第三卷的初稿，为全世界无产阶级和全人类的解放事业做出了最伟大的贡献。

查理·帕克尔，是爵士乐史上一位了不起的音乐家。他曾经在坎萨斯城被认为是最糟糕的萨克斯演奏者。在长达3年的时间里，他的境况糟透了。他甚至连一家愿为他试演的剧院都找不到。他在逆境中拼搏，通过每天 11 ~ 15 个小时的刻苦练习，3 年后，他的独奏变得非常轻盈，又充满惊异和勃勃生机。炉火纯青的技巧终于使他开创了一种前无古人、后无来者的音乐风格。

我们从古今中外卓越的伟人身上，都可以找到某些成功的偶然性，但他们每个人都才学广博，勤于耕作，又体现了成功的必然性。凡是能创造最好自己的人，他们的努力虽然各有不同，但他们勤而不怠的品德却是相同的。

“懒惰”是个很有诱惑力的怪物，人一生谁都会与这个怪物相遇，比如，早上躺在床上不想起来，起床后什么事也不想干，能拖到明天的事今天不做，能推给别人的事自己不做，不懂的事自己不想懂，不会做的事自己不想做……“懒惰”是人类最难克服的一个敌人，许多本来可以做到的事，都因为一次又一次的懒惰拖延而错过了成功的机会。

俗话说：“勤奋是金。”一位杂技演员要练就一身绝技，不知道要流多少汗、尝多少苦，一招一式都要经过难以想象的反复练习。俗话说，台上一分钟，台下十年功，说的就是这个道理。

著名的芭蕾舞演员泰祺妮准备她的夜晚演出之前，往往得接受她父亲两个小时的严训。歇下来时真是筋疲力尽！她想躺下，但又不能脱下衣服，只能用海绵擦洗一下，借以恢复精力。舞台上那灵巧如燕的舞步，往往令人心旷神怡，但这又来得何其艰难！

大家都知道一些“勤能补拙”、“勤奋可以创造一切”的道理。知道的人虽多，但究竟有多少人从中受到了启发呢？

真正做得到的人没有几个，大部分的人依旧在工作中偷懒，依旧好逸恶劳，甚至有人把吃苦当成是一种惩罚。这样的人生态度，可能有成就吗？不言而喻的，当今的人才竞争日趋激烈，未来要想立于不败之地，只有一条路可行，那就是勤奋。

一位作家写过这样的一段话："只要有耕耘就会有收获。任何一个人的成功都依赖多种因素，环境、机遇、学识等外部因素固然都很重要，但更重要的是依赖自身的努力与勤奋。缺少勤奋这一重要的基础，哪怕是天异禀赋的鹰也只能栖于树上，望天兴叹。而有了勤奋和努力，即便是行动迟缓的蜗牛也能雄踞山顶，观千山暮雪，望万里层云。"

人生的苦难是成功的垫脚石

人生苦难重重！是的，人生是苦难的。而对于苦难的人生，人们甚至用"苦海"来形容。我们每个人都置身于这片汪洋大海之中，或浮或沉，品味着大海的滋味。不得不说，提出"人生苦难重重"这句哲理的人是伟大的，因为他让我们开始正视人生的本质。而只有当我们开始正视这每个人都无法回避的人生问题时，我们才能够使自己逐渐走上心灵的成熟之路。对于每一个人来说，这句话都在起着一种启蒙的作用。因为一旦我们开始正视它，我们就能够凭借自己的能力超越它，我们就可以升华自己的人生。只要认真对待人生的苦难，我们就不会再为此耿耿于怀了。

世界上许多伟大的人物之所以受到人们的敬仰，正是因为他们参透了人生的苦难，使自己的心智达到一种成熟的境界，进而开创了一番属于自己的不朽功业。

拜伦是个跛脚，但他却成为了著名的文学家。

恺撒经常被他的癫痫症所折磨，但这没有妨碍他成为一名伟大的政治家、军事家。

贝多芬耳朵后天失聪，但他仍然创作出了像《命运》这样震撼人心的交响曲。

莫扎特经常为哮喘病所累，但他仍然成为了欧洲最伟大的古典主义作曲家之一。

富兰克林·罗斯福患有小儿麻痹，但他毅然走进了白宫，改变了第二次世界大战的走向。

海伦·凯勒在盲聋中度过了自己的一生，但是她却为人类筑造出一座精神的灯塔。

……

正视苦难，才能超越苦难，才能走向生命的成熟。然而，大部分人却不肯正视人生的苦难。在他们看来，人生不应该是困难重重的，而应该是平坦的、安定的。因此，他们总是在抱怨自己生不逢时，无法在太平盛世中施展自己的宏图大志；总是在抱怨环境的浑浊，无法保持自己的清白之身；总是在抱怨命运的多舛，要经历一系列的人生苦难，而无法如同他人那样享受生活的自由和幸福。

人生确实是一连串的苦难。当你刚刚跨过了一个苦难，另一个苦难就会在下一站笑脸相迎。苦难就是这么自作多情，就是这么喜欢与我们不期而遇。面对着多如牛毛的苦难，有时候我们会有一种疲于奔命的感觉，一种幻灭感也会因此油然而生，以致于自己想要向生活妥协，向生活投降。是的，生活期望用苦难打败我们，以便更好地奴役我们。如果我们此刻放弃，那么我们将永远活在抱怨的世界中。一个成熟的人是绝对不会这样做的！因为，一个成熟的人懂得苦难也是生活的一种恩赐。正是因为各种苦难接踵而来，我们才觉得悲喜参半，才能咀嚼出生活真正的滋味。

人生其实就是一场与苦难斗争的过程。虽苦难千万，吾往矣！苦难能够摧毁我们的身体与心智，也能够激发出我们的智慧与勇气。面对苦难这座崇山峻岭，如果我们可以顽强地通过，那么我们必将取得巨大的成功。而一路所经历的各种坎坷，也必将成为我们美好的回忆。经历了苦难的磨砺之后，我们的思想和心智也将日臻成熟。可是，很少有人能够将目光放在崇山峻岭的另一端。当看到眼前蜿蜒起伏的群山，大多数人的心里总会不由自主地冒出这样一个想法：这是一座无法穿越的山！于是，面对苦难，我们要么望风而逃，要么在山下徘徊不前，要么迷失在山中。我们总是妄自菲薄，从来不会轻易相信自己的内心具有征服苦难的力量。

但是，另一方面，我们的内心总是会有这么一种异样的冲动，它时而平静如水，时而热烈如火。这种冲动让我们不愿轻易接受失败的命运，总是可以激起我们不断反抗的火花。因此，当我们开始正视苦难的一刹那，它将会如同一座爆发的火山那样，使我们的内心喷薄出炽烈的火焰，让我们有能力解决掉所有的苦难。是的，只有正视苦难，才能强大自己，才能消除苦难。富兰克林曾说："惟有痛苦才会带来教益。"面对苦难，一个聪明的人是不会害怕痛苦而选择逃避的，他会正视苦难，选择迎上前去，将苦难踩在自己的脚下。

正视生活中的苦难吧，它不是要将你拉向深渊，而是要带给你最丰厚的回报。苦难并不一定就是坏事，它可以成为一种动力，促使我们采取行动，提高我们自身的素质，使我们的智慧变得更加敏锐。最终，我们会因为苦难而摆脱生活中的困境，升华人生。

每一次苦难都是一种人生收获

遭遇苦难的折磨时，请不要立刻转身逃避。应该感谢苦难的光临，珍惜苦难，才能带给我们真正的收获。

索姆夫妇俩一直渴望有个孩子，但就是这样一个普通的愿望却整整折磨了他们10年，最终他们如愿以偿地得到了一个儿子。

面对着这个新降临在他们身边的小天使，索姆夫妇想尽办法教导他，连走路的方式也清清楚楚地告知："我的好孩子，走路时记得要看着地上啊！如果你走在木板上要专心看着脚底下，因为木板最容易让人滑倒。"

这是小天使在开始学习走路时爸爸的叮咛。乖巧的孩子也相当遵从父亲的教导，只要走在木质地板上，就一定紧盯着脚下。

有一天，索姆一家人来到山间游玩，爸爸又开始教导："在山路行走时，你还是要看着脚下，每一步都要相当小心，不然你会从山顶摔到山谷中；而下山坡时，你一样要看着脚下，否则一个闪神，你就会扭伤脚踝的，知道吗？"

"是的，爸爸！"小家伙点了点头说。

就这样，小家伙在索姆夫妇温情而善意的叮咛声中走过了18年，索姆夫妇相继离开了他们的小宝贝儿。当年的襁褓婴儿，如今也已经长成了一个帅小伙，但这可怜的孩子从小就习惯听爸爸妈妈的引导与叮咛，如今他只能在过去的叮咛中，继续生活；对于父母的话，他仍然相当遵从。

他仍认真执行父母的叮嘱，在木板上、在田野间、上山与下山时，他都用心地盯着脚下。即使来到沙滩，听见美丽的浪潮声，他也不会抬头看看，声音是从哪里来的。

不管走到哪里，他也总是低着头往前走。

确实，索姆夫妇的宝贝儿子从来没有跌倒过，也没有滑倒或碰伤过，一生几乎是毫发无伤的他，就这么"低着头"走完他的一生。

不过，在他临死前，他仍然不知道，原来天空是蓝色的，天上不仅有美丽的云彩，还有耀眼迷人的星星。此外，他也不知道自己所走过的每一个地方，风光是多么美丽。

可见，面对生活中的苦难，我们应该感激它，感激它赐予我们机会，让我们能够更深刻地领悟人生，发现自己的价值，认清自己的缺点，修正自己的方向。要知道，在这个世界上，每一个人都在经历着只属于自己的苦难，每一个人都恪守着自身独特的苦难历程，用自己的方式活着，守护着属于自己的命运。

世界上没有一条路是重复的，也没有一个人生是可以替代的。在追求梦想的道路上，任何一次苦难都是惟一的，它不会给你致命的打击，只会给你无穷的动力，只要你善于在苦难中找寻收获，在苦难中找到属于你的方向，千万别让苦难战胜了你！

在一次聚会上，艾顿向他的朋友回忆起他的过去，他的朋友中有后来成为英国首相的丘吉尔。艾顿说他出生在一个偏远小镇，父母早逝，是姐姐帮他洗衣服、做家务，辛苦挣钱将他抚育成人。可是当姐姐出嫁后，姐夫便将他撵到舅舅家，舅妈很刻薄，在他读书时，规定每天只能吃一顿饭，还得收拾马厩和剪草坪。刚工作当学徒时，他根本租不起房子，有将近一年多时间是躲在郊外一处废旧的仓库里睡觉……

丘吉尔惊讶地问："以前怎么没听你说过这些呢？"

艾顿笑道："有什么好说的呢？正在受苦或正在摆脱受苦的人，是没有权利诉苦的。"

丘吉尔心头一颤，这位曾经在生活中失意，痛苦了很久的汽车商接着说："苦难变成财富是有条件的，这个条件就是，你战胜了苦难并远离苦难不再受苦。只有在这时，苦难才是你值得骄傲的一笔人生财富。"

艾顿的一席话，使丘吉尔重新修订了他"热爱苦难"的信条。他在自传中这样写道：苦难是财富，还是屈辱？当你战胜了苦难时，它就是你的财富；可当苦难战胜了你时，它就是你的屈辱。

任何人的一生都不可能是一帆风顺的，只有经得起苦难考验的人生才是有价值有意义的人生。在经受苦难的过程中，如果你还没摆脱苦难的纠缠，请别说你正在享受苦难，这在别人看来，无异在请求廉价的怜悯甚至乞讨，也别说正在苦难中锻炼坚韧的品质，别人只会觉得你是在玩精神胜利、自我麻醉！

每一份苦难，都可以是一种收获，可如果你无法战胜它，就永远没有权利说你在苦难中收获了什么，这在别人眼里，只不过是你在为自己逃避困难找的一个借口！善待苦难，正视苦难，只有你拥有了承受苦难的意志，你才有可能真正地战胜苦难，享受苦难给你带来的收获。

珍惜苦难带给你的收获，不要在遭遇苦难的时候吹嘘自己的勇敢，不要以为苦难的收获触手可及，只要当你真正战胜苦难获得成功的时候，你才是把收获攥在手里。

生活中有太多可以尝试的事，只是我们不一定能全部经历。生命中有太多要学习的事，只是我们不一定能全部学习。因为，生活的最大乐趣，就是能经历失败的痛苦与成功的喜悦，这些才是生命的真正意义，也是你我活着的重要目的。

没尝到苦头，生活就没有甜头

没尝过苦的人就不知甜从何处来。一味地逃避那些生活中所谓的苦，就享受不到真正的人生，将沦为生活的弱者，会被生活淘汰。

人生百态，苦痛和快乐皆为生命中不可或缺的部分，她们是相辅相成的。放弃了人生的苦，就等于放弃了人生的甜，就等于放弃了生命。

从前有个年轻的农夫，一天，他约好与情人相会。小伙子性急，来得太早，又不知等待。他无心观赏那明媚的阳光、迷人的春色和娇艳的花姿，心躁不安，一头倒在大树下长吁短叹。

忽然，他面前出现了一位白发长者。“我知道，你为什么闷闷不乐，”长者说，“拿着这纽扣，把它缝在衣服上。在你不得不等待的时候，只要将这纽扣向右一转，你就能跳过时间，要多远有多远。”

这倒合小伙子的胃口。他握着纽扣，试着一转：啊，情人已经出现在眼前，还朝他笑送秋波呢！他心里想，要是现在就举行婚礼，那就更棒了。他又转了下：隆重的婚礼，丰盛的酒席，他和情人并肩而坐，周围管乐齐鸣，悠扬醉人。他抬起头，盯着妻子的眼眸，又想：现在要是只有我们俩多好！他悄悄转了一下纽扣：立时夜阑人静……他心中的愿望层出不穷：我们应该有座房子。他转动纽扣：夏天和房子一下子飞到他眼前，房子宽敞明亮，迎接主人。还缺几个孩子，他又迫不及待，使劲转了一下纽扣：日月如梭，顿时已儿女成群。他站在窗前，眺望葡萄园，真遗憾，它尚未果实累累。偷转纽扣，飞越时间。脑子里愿望不断，他又总是急不可待，将纽扣一转再转。

生命就这样从他身边急驰而过。还没来得及品尝滋味，他已经老态龙钟，衰卧病榻。至此，他再也没有要为之转动纽扣的事了。

人生由一个个过程组成，每个过程都有幸福和快乐，享受过程便是享受人生。因此，我们要学会泰然处之，享受过程中的快乐。好好珍惜生命中的时光，不要因痛苦而把生命的美丽过程抛弃！

品尝人间辛酸的人都相信："苦乐年华，我虽痛，可我快乐着，我坚信明天会更好。"

公正地讲，命运之神还算相对公平，即不会给你太多也不会在你尽心尽力地努力后分配给你太少。所得与所失刚刚平衡才恰当。人的苦和甜在某个范围内是对等的。逃避生活的苦便是埋葬了乐的源泉。

某欧洲国家一位著名的女高音歌唱家，仅仅30岁就已经红得发紫，誉满全球，而且郎君如意，家庭美满。一次，她到邻国开独唱音乐会，入场券早在一年以前就被抢购一空。当晚的演出也受到极为热烈的欢迎。演出结束后，歌唱家和丈夫、儿子从剧场里走出来的时候，一下子被早已等候在那里的观众团团围住。人们七嘴八舌地与歌唱家攀谈着，其中不乏赞美和羡慕之词。说她有个腰缠万贯的公司老板做丈夫，而膝下又有个活泼可爱并且总带着微笑的小男孩……

在人们议论的时候，歌唱家只是在听，并没有表示什么。当人们把话说完以后，她才缓缓地说："我首先要谢谢大家对我和我家人的赞美，我希望在这些方面能够和你们共享快乐。但是，你们看到的只是一个方面，还有另外的一个方面没有看到。那就是你们夸奖的活泼可爱的脸上总带着微笑的小男孩，是一个不会说话的哑巴，而且，在我们家里他还有一个姐姐，是需要常年关在装有铁窗房间里的精神分裂症患者。"

歌唱家的一席话使人们震惊得说不出话来，你看看我，我看看你，似乎很难接受这样的事实。这时，歌唱家又心平气和地对人们说："这一切说明什么呢？恐怕只能说明一个道理，那就是上帝给谁的都不会太多。"

我们只看见他人成功以后的辉煌，却不关心辉煌背后所需要付出的汗水、泪水，甚至苦难。不要期望命运赐予我们的会很多。想拥有，就要靠自己的双手战胜命运给自己安排的"苦"。

尼采曾经说过："人生就是一场苦难。"在漫漫征途中，每个人都在积累着压迫自己的东西。这些东西包括荣誉、地位、金钱、亲情、人际、健康、事业等等，此外还包括烦恼、忧愁、挫折、沮丧、压力等等。正是这些东西，压得人们几近喘不过气来，使人们的心灵疲惫不堪。

第07辑

只要不害怕失败，你一定会逆袭人生

人生总要面临各种挫折和失败，不要在这些困境面前浑身发抖，成功的人总能把这些困境变为成功的有力跳板。他们明白，只要自己不害怕失败，把失败当成成功的垫脚石，就一定会逆袭人生。

再回首，失败会在坚持中踪影全无

人的一生会有很多坎坷与曲折，当困难向你袭来时，有两个字可使你的生命变得坚强，那就是——坚持！失败的时候，要坚持住；成功的时候，也要回头看看，那些失败已经在“坚持”中消失得无影无踪。生活就是这样，你对它哭它就对你哭，你对它笑它就对你笑。而坚持就是用自己的笑容来面对生活，面对所有的失败和挫折。

坚持住，是生活当中的一个主旋律。无论是泰山压顶还是寂寞难耐也都要坚持住；无论是凶险逼近还是伤感无助都要坚持住；无论是走投无路还是情无依处，都需要坚持住……总之，把坚持住当成一种习惯是一个人能不能成功的关键。那些所谓的大人物与小人物的区别也就在于能否坚持住，没有坚持住，就没有欢喜，也就没有能力。而当你成功的那一刻，再回首看看，那些曾经的失败已经在“坚持”中消失得无影无踪。

坚持住，不是爆发力，而是一种韧性，无坚不摧的往往正是这种看似绵薄但后劲十足的持久力。人有许多极限，通常情况下，是无法超越的，所以许多人做事情，到了艰难的时候，就放弃了，就像从单杠上轻易跳到地面一样。而事实上，欢喜，往往会在艰难困苦的时候再坚持一会儿时出现。

在美国海关的一个自行车拍卖会上，每辆自行车都被一个小男孩以5法郎第一个喊价，但他却从不加价。拍卖师忍不住停下来问他，小男孩说他只有5法郎。拍卖会如常进行，小男孩总是激动地第一个报价，但很快就被高于5法郎的价取代。这样，到了最后一辆车的时候，大家都似乎有些紧张起来，这一辆比任何一辆都要好。这时，小男孩更是以急切的声音报价5法郎，这次，再也没有人加价，因为人们都被小男孩的坚持感动了，自动退出了拍卖，诚心让孩子买走这辆自行车。拍卖师问过几遍，没有人加价，最终一锤定音，小男孩激动地将已攥得出汗的钱付给了拍卖会，换来了这辆自行车。

小男孩只有5法郎，他要得到自行车，惟一的办法就是以一种意志和坚持，以一种耐心，再付出虔诚的努力……每一个人，都要有一辆自己的“自行车”，这是坚持住的标志！

人生中有许多“自行车”需要你去争取，有许多获得“自行车”的机会需要你去坚持。而当你真正骑上“自行车”的时候，你会发现，在你获得自行车之前的那些不快和失败都已经消失不见了，剩下的只是一种成功，一种幸福！

这个规律不仅适用那个争取自行车的男孩，对任何人都适用。即便是美国钢铁大王也不例外：

钢铁大王安德鲁·卡内基，他从不名一文的穷光蛋变成了亿万富翁，并且塑造了更多的富翁。

卡内基全家刚刚移居到美国时，他的父亲只能靠挨家挨户去推销自己织的桌布来养家糊口；而他的母亲则为一家鞋店刷洗缝补鞋子。卡内基只有一件衬衫，因此，他的母亲必须每晚等他睡下之后，赶忙把它洗净、晾干、熨平，以便第二天他能再接着穿。母亲一天要工作16～18个小时。

但是这些困难和失败只是暂时的，因为卡内基懂得了坚持的重要性，他相信，只要自己善于坚持，最终的胜利必定是属于自己的。

卡内基很小就表现出了商业天赋。有一次，他捉到了一只母兔，这只母兔不久便生了一窝小兔子，但是他却没有东西来喂它们。在这种情况下，卡内基忽然心生一计。他对邻居小孩子们说，如果谁能弄来金花菜、车前草喂养他的小兔子，将来他就用谁的名字来称呼这些小兔子。这一计策果然产生了奇效。

卡内基长大后自己经营商业时，还运用过同样的心理策略。卡内基早年在匹兹堡曾做过一份负责递送电报的工作。每天的工资只有50美分，那时他渴望自己能成为一位接线员，因此他晚上自学电报，每天早晨提前跑到公司，在机子上练习。一天早晨，公司忽然收到了一份从费城发来的电报。电报异常紧急，但是当时接线员都还没有上班，于是卡内基立刻跑去代为收了下来，并赶紧将其送到了收报人的手中。之后，他就被提升为接线员，薪水也增加了一倍。这也只是卡内基走上致富之路的一个小里程碑。

之后的卡内基不但获得了无数的财富，而且在成功学上也有了很大的成就，成为了现代人疯狂膜拜的对象。

现在再回过头来看看，曾经的失败和挫折、甚至是贫穷和病痛又算得了什么呢？在坚持的成功面前，一切都将变得灰飞烟灭，一切都将失去往日的飞扬跋扈，而消失得无影无踪。这就是坚持，它让你走向成功，更让你在成功之后感受到生命的真谛：再回首，失败已经在坚持中踪影全无！

不要让失败的体验将你定格

人们为什么会对世界产生消极的态度？很大一个原因就是失败对他们的打击。当经历了一次又一次的失败，有些人便开始对这个世界失去了耐心，他们往往会将自己失败的原因归结为世界的不公平。而有些人则对自己失去了信心，他们往往会将自己的失败归因为自己能力的不足。总之，不论这些人如何归因自己的失败，消极的心态都已经在他们心中牢牢扎下了根。一旦消极的心态形成，它就会马上反过来强化这些人的失败感，从而使他们被失败的体验所定格。

一个被失败所定格的人，是没有可能在余下的生命中取得成功的。因为成功从来不属于消极的人！

或许你会反驳道：我并不消极，但是仍然没有成功。如果你确实没有消极心态的话，那么你已经具备了获取成功的重要素质。你之所以没有取得成功，那是因为你还没有完全发展出自己应有的能力。

事实证明，一个成功的人并不是没有经历过失败的人，而是一个拥有坚强乐观的心态，善于从失败中获取成长养分的人。他也体验到失败的痛苦，但是他不会让自己被失败所定格。因为，他清楚地知道，失败不会带来成功，而只有从失败中站立起来，继续奋斗，一个人才有成功的可能。

法国作家左拉曾是一个经常失业的人。由于生活所迫，他不得不靠捕捉麻雀、捡别人吃剩下的鱼头鱼尾充饥。但是，这没有妨碍他的伟大志愿。他仍然积极地投入到社会生活中去，认真地观察，细心地了解，最终凭借自己的坚强意志完成了600多万字的著述。

当艾力斯•赫利还只是一个文学青年的时候，他基本上每周都会收到一封退稿信。这种情况一直延续了4年的时间。经过无数次的打击，赫利对自己几乎失去了信心，几次都想停止《根》的写作。如此又痛苦挣扎了几年，赫利已经感到没有成功的希望，于是决定跳海自杀。当他站在船尾，准备跳向大海的一刹那，他感觉突然听到了自己祖先对自己的召唤："你应该去做你应该做的，我们都在天国注视着你，千万不要放弃！你能成功，我们对你充满信心！"就这样，赫利停止了自己愚蠢的行为，并积极投入到《根》的最后创作中，终于完成了这部杰出的作品。

医学家乔纳斯•索尔克博士为人类攻克脊髓灰质炎做出了重要的贡献。

但是，他的成功来之不易，是经过201次试验才研制出了预防脊髓灰质炎的疫苗。当人们问他是如何面对之前的200次失败时，索尔克博士是这样回答的：

“我这一生中从来没有经历过200次失败。在我的字典里面，从来没有‘失败’这个词。那200次你们所谓的‘失败’只是我的尝试。经过不断地尝试，我增加了自己的经验，学到了更多的知识。实际上，我只是做了201次发现而已。没有前200次的尝试，就不可能有现在的成果。”

索尔克博士对于“失败”的见解，值得我们每一个人学习。失败并没有想象中那么可怕，它只是为我们关闭了一条不能通向成功的道路而已。可是，很多人却依然忌惮于失败的淫威，而不敢放开自己的手脚，积极地为自己的成功而奋斗。

是的，我们的周围存在着太多被失败所定格的人。他们不但自己失去了奋斗的欲望、成功的信心，而且还经常将自己的失败看成是成熟的表现。在他们眼里，一个成熟的人必须是能够看到事情所有弊端的人，能够积极地维护自己当前利益的人。正是在这样的思想指导下，他们不但固步自封，而且还以一个成功者的姿态来指导后进者。看到那些充满拼搏精神的后生晚辈，他们总会不住地摇头，认为这些晚辈只是初生的牛犊、毛头小伙而已，等经历了生活的打击后，就会变得“成熟”起来。出于对后辈的关爱，这些人会如数家珍似的向晚辈介绍自己对生活的体验，以期能够减少后辈可能遇到的风险。而这些心智没有达到真正“成熟”的后生也经常会被他们的高谈阔论所吸引，折服于他们的谆谆教诲。就这样，这些心理早已被失败所定格的人通过自己的影响，不断传播着消极、负面的思想。而接受这些消极思想的青年，则真可谓是出师未捷“心”先死了。

千万不要被失败的体验所定格，如果你的心被失败的感受填满，你就再也找不到成功的方向了。“失败乃成功之母”，这句话应该成为我们每个人激励自己的警句。

积极地去面对生活中的每次挫折吧，因为这对我们来说也是一笔财富。生活本来就是丰富多彩的，事物的发展也是相辅相成的。“有无相生，难易相成，长短相较，高下相倾，音声相和，前后相随。”当我们试着以一种包容的眼光去看待这一切时，就不会再沉浸在失败的痛苦之中，而会以一种更加平和、更加光明的心态去积极地品尝失败的滋味，去感受生活的循环往复。

遭遇逆境，不抛弃不放弃

每个人都会遭遇逆境，如果认为逆境是人生不可承受的打击，必不能渡过难关，可能就此颓废一生。通常，高情商者能视逆境为人生路上的小水洼，秉着“不抛弃，不放弃”的信念，想尽一切办法跨过去。在跨过几个小水洼之后，就根本不怕大水洼了，又怎能不成功呢？

德国著名哲学家费希特年轻时，曾去拜访大名鼎鼎的哲学权威康德，想向康德请教真理，不料康德对他很冷漠，都没正眼看他就把他拒绝了。碰了个大钉子的费希特并未因此而不平，他不灰心，也不怨天尤人，他没有去想自己是不是丢了面子，也没有沉浸在失败中自怨自艾。他开始从自己身上找原因，心想：我就这样两手空空，前来拜访，人家当然怕被打扰了，为什么我不拿出自己的成果来呢？

于是费希特埋头苦学，完成了一篇名为《天启的批判》的论文，呈献给康德，并附上一封信，信中说：“我是为了拜见自己最崇拜的大哲学家而来的，但仔细一想，对自己是否有这种资格都未审慎考虑，感到万分抱歉。虽然我也可以请其他名人写推荐函，但我决定毛遂自荐，这篇论文就是我自己的介绍信。”

康德细读了费希特的论文，不禁拍案叫绝，为其出色的才华和独特的求学方式所震惊，便决定亲自写一封回信，邀请费希特来一起探讨哲理。

后来，费希特成为德国著名的教育家和哲学家。

人的一生中总会有艰难险阻，这是在所难免的，但是只要信念不倒，就可以重新站起来。困难或许可以将你击垮，但是，只要心中还有信念，困难也可以使你重新振作。只要永不放弃，就可以把眼前的逆境当成历练自己的一个过程。

发明家在成功地发明某种东西之前，往往会先经历一连串失败的实验。演员常常会说，在他们获得第一次演出机会前，有好多次试镜失败的经验。伟大的厨师都知道，在学习烹饪的过程中，曾经烧焦过多少锅，或苦于无法调配出某种可口的调味料。

遇到困难或不幸本身并不可怕。重要的是，在这些困难和不幸面前，选择用什么样的心态来对付它们。如果你选择退缩放弃，那么你将永远面对不幸，永远无法成功；如果你选择百折不挠的坚持，不抛弃自己的梦想，不放弃心中的希望，那么，无论结果怎样，你都是成功的。

小泽征尔先生堪称是日本足以向世界夸耀的国际级大音乐家、著名指挥家。然而，最初的他只是日本一个名不见经传的小人物。因为他的才华没有表现出来，不为人所知，所以，他决定参加贝桑松的音乐比赛，向世人宣告自己已做足了准备，即将显露惊人的音乐才华。于是他充满信心地来到欧洲，然而到了当地后，却有另一个难关在等着他。

小泽征尔到达欧洲之后，首先得办理参加音乐比赛的手续，但不知为什么，他的证件竟然不齐全，音乐实行委员会不能正式受理，也就是说，他将无法参加期待已久的音乐节了！一般提到音乐家，都会认为他们的性格多半是内向且不爱出风头的。这点的确没错，绝大多数音乐家在遇到这种状况时，通常是就此放弃，但小泽征尔却不同，他不但不打算放弃，还尽全力积极争取。

首先，小泽征尔来到日本大使馆，说明整件事的原委，然后要求大使馆提供协助。但日本大使馆无法解决这个问题，正束手无策之际，他突然想起朋友过去曾经告诉他的事："美国大使馆有音乐部，凡是喜欢音乐的人，都可以参加。"

他便立刻赶到美国大使馆。那里的负责人是位女性，名字叫卡莎夫人，过去她曾在纽约的某音乐团担任小提琴手。

小泽征尔将事情的本末向她说明之后，拼命拜托她，想办法让他可以参加音乐比赛，但卡莎夫人面有难色地说："虽然我也是音乐家出身，但美国大使馆不得越权干预音乐节的事情。"她的立场说得很清楚、明白，但他仍不停地恳求她。原本表情僵硬的她，脸上逐渐浮现出笑容。

她联络了贝桑松国际音乐节委员会，拜托他们让他参加音乐比赛。结果，两星期后，他收到美国大使馆的答复，告知他已被获准参加音乐比赛。就是这次比赛，使小泽征尔不但获得了冠军，也因此占据了世界大指挥家不可动摇的地位。

从小泽征尔的身上可以看出，直到最后，他都没有放弃，他来回奔走于日本大使馆、美国大使馆，为了参加音乐节，尽了最大的努力，才让自己获得贝桑松国际指挥比赛的冠军，成为享誉国际的指挥家。

能以正确的人生态度面对一次又一次突然袭来的挫折，才是高情商者必备的素质和能力。这个道理很简单，没经历过逆境的人，经不起重创。只有经历了逆境的考验，不抛弃不放弃，才能站稳脚步，迈向成功。

这个世界原本没有失败，只有暂时还未成功。只要我们遇到困难和逆境的时候，坚定信念，决不放弃，决不后退，那么艰难困苦也只能是我们的助跑器。

永远不要在失败后面画句号

一座魔鬼训练营里收容了各种各样的事业失败者，他们每天经受着各种严酷的体能、意志训练，以及看似非人性的体罚。他们不但要听一些成功学家的励志讲演，每天半夜以后还要被从床上轰起来，集体进入“成功殿堂”跪地大声忏悔。在这座殿堂中摆放着司马迁、勾践、苏武、吴承恩等先辈的塑像，也有林肯、卡耐基、拿破仑·希尔等的画像。他们所跪的并不是什么毡垫，而是一块块小小鹅卵石。

这群人中有位叫单立的原房地产公司总裁。曾经辉煌的他，几年间赔光了亿万资产，还欠银行近两个亿的贷款。40几岁，头发全白。他几天里不说一句话，死人一样，不思茶饭，只想一死了之。

教官们无论用什么极端的办法，都无法改变他的无动于衷。有人愤怒地提议对他实施“电击疗法”，当然，这是不可以的。

一天夜里，外面大风夹着雷雨，呼啸之声恰似鬼哭狼嚎。单立熟睡中被两个蒙面人捂嘴套头挟持而去。

在野外的一棵大树下，他被几个大汉用绳索套住脖子，要实施“绞刑”。

一人郑重地对他来了一番“死前宣判”，历数他此前在经营管理上的罪行，“自恋狂”、“狂妄自大”、“一意孤行”、“自我崇拜”等。另外，由于他的愚蠢给国家造成巨大损失，他却执意逃避，故“判处死刑，立即执行”。

单立见死到临头，陡然猛醒。他痛哭流涕，大声呼救，并跺脚发誓：一定重新振作起来，再创辉煌，还清国家贷款。

几人假意争执，“杀，还是不杀”，似乎争执得很激烈。

单立在一旁不停地保证、发誓、求饶。

最后，几人让他写了一份“誓言书”才放了他，并告诫不准透露半点风声，不可以报警，等等。

单立大难不死，悄悄溜回了“监牢”，躺在床上，暗暗庆幸不已。

第二天，他像变了个人似的，乐观、积极，对未来充满了信心。

教官们在办公室大呼“成功”，因为他们极端的非常手法挽救了一个人——一个完全有可能再创辉煌的人。

这是一个故事，但它说明一个道理：比失败更可怕的事有很多。当你看到那些“更可怕”的事情之后，失败对于你来说就会变得“无所谓”，大不了从头再来。

“失败”两字的后面，你有多种选择：省略号（……）表示暂告一段落，给自己留有余地；破折号（——）表示找出原由“改邪归正”；逗号（，）表示这只是一个短暂的停顿，但不是结束。

无论选择什么，都绝不能在“失败”后面画句号，它等于彻底认输，在“死亡判决书”上签下了自己的名字。

世界棒球史上最伟大的投手汤米·约翰在他的自传中写过自己手臂受伤时的一段故事：

“我是 1974 年为洛杉矶道奇队打一场夜间比赛时受伤的，那个赛季我拥有一个棒球选手所能梦想的最佳状况——我是那年全国联赛的头号投手，即将赢得参赛以来的第 20 场胜利，球队也将打进世界系列赛。男孩子所有的梦想，都将在我身上实现。我站上投手板，突然间，砰的一声什么都完了。

“我的韧带断了，所有投手都最怕肘部受伤，因为手术常常意味着投手生涯的终结。我需要进行的手术，是任何主要大联盟的投手都没有做过的，但我知道要想继续打球，就别无选择。

“1974年9月25日，布兰克•乔医生给我做了手术，复原的过程极为缓慢。我问医生：‘我有没有机会再投球？’他们回答说：‘有1%的机会。’但他们对我太太莎莉更坦白，说：‘你的工作就是要鼓励汤米，想想他将来做什么，因为他的投球生涯恐怕已经结束了。’

“一个星期天，我手裹着石膏，带着在我手术后两天才出生的漂亮女儿，坐在教堂里听牧师布道。牧师讲道的内容是有关亚伯拉罕和他妻子莎拉的，莎拉在70几岁时才受上帝祝福，怀了第一胎。

“牧师读着圣经的故事，抬起头说：‘你知道，与上帝同在，没有不可能的事。’他说的时候就看着我，我抬头看他，他微笑着，我在圣经的这句话上做了记号，这正是我需要听的。

“16个星期之后，我拆掉了石膏，手指萎缩得很厉害，我太太说看起来很像鸡爪。手臂瘦弱无力，好像是90岁的老人。要抓东西，还得把手指扳过去。连切肉、开门都办不到。莎莉用婴儿油帮我擦肌肤时，我的皮肤会一块块剥落在她手上。

“在康复阶段，我把大量的时间花在体育场里。在球场上，教练为我实施一系列严格的训练，帮助我强健肌肉。

“复原进展极为缓慢。有一天，我记得从球场回家，把手放在背后，告诉莎莉，要给她一个惊喜。她以为我在开玩笑，想可能是死蝎之类的东西，但当我慢慢把左手从背后伸出来弯着小指去碰拇指时，我们互相拥抱，跳来跳去，高声欢叫。这是我第一次能移动手指，感觉就好像得到10万美元奖金似的，因为它表明那些肌肉终于康复了。

“我不和教练一起练习的时候，就和球队一起出去，坐在本垒板后面比划投球动作，尽量为球队做我可以做的事。我告诉道奇队的老板彼得•欧麦里说：‘我在康复，不能投球，但我愿帮忙做任何事情。’

“其他球队的球员、教练、领队都问我：‘你真的以为你可以让那只手臂复原，让它再度看起来像是投球手的手吗？我回答他们：‘我坚信。’

“复原是一段漫长、艰辛的过程，在一年半的时间里，除了周日，我每天都坚持练习。然而我真的恢复了，手术后主投的球赛，比以前还要多，并且代表扬基队在世界锦标赛中出场。

“许多人看到我，会摇头感叹我是那么坚定果敢，尽最大的努力。这或许是我家乡威尔斯的传统。或许是其他什么因素，但我喜欢证明别人的谬误。”

汤米拒绝在医生的残废判决书上签字，使他的事业未因臂伤而画上句号，从而再创辉煌。所以，在成功者的人生字典中没有失败的字眼。

今天的终点，将成为明天的起点

人生没有笔直的路，生活就意味着战斗。生命的长短可以用时间来计算，而生命的价值却要用贡献的大小来计算。一个人要想有所作为、有所建树，就必须具有“水滴石穿，绳锯木断”的自信精神和“锲而不舍，金石可镂”的顽强毅力。没有那种水滴石穿的精神，芝麻也难以榨出油来；而没有水滴石穿的力量，再平坦的道路也无法走到尽头。正所谓“船不到岸不停桨”。

所谓“水滴石穿”，就是为了实现奋斗目标而有意识地给自己施加压力，强迫自我、督促自我、约束自我、鞭策自我不断进取的一种自强精神；所谓“水滴石穿的力量”，就是不达目的誓不罢休，勇于战胜困难和挫折，坚韧持久，不屈不挠的坚强意志。

从某种意义上说，人的才能在很大程度上是被逼出来的，如果没有自逼的勇气和顽强的毅力，再宏伟的计划也会付之东流。

著名的史学家蔡尚思教授年轻时生活贫困，忍饥耐寒到北京求学。他写了如下四句诗：“发愤著书史迁语，穷且益坚王勃序。贤哲多从苦中来，苦中奋斗才可取。”以此勉励自己。诗中“史迁”，指我国西汉时杰出的史学家和文学家司马迁，他在汉武帝时任太史令。他因为触怒了汉武帝，被下狱处以腐刑。出狱后，他并未因此消沉，而是忍辱含垢，发奋著述，历尽艰辛花费了18年的心血，终于完成了我国第一部纪传体通史。

这部史书记载了上自传说中的黄帝，下至武帝时代的3000多年的历史，共计52万余字，130篇，凝聚了司马迁一生的汗水和心血。诗中的“王勃”，是初唐文坛四杰之一。他在著名的《滕王阁序》中写下了“穷且益坚，不坠青云之志”这句含义隽永的话，道出了深刻的人生哲理：即人们在遭遇艰难困苦时，决不能消极颓废，萎靡不振，而应高昂斗志，恪守“青云之志”，为实现远大的政治抱负而奋斗。

不自逼难以有作为，无毅力则无法成大事。为给治学打好坚实基础，蔡尚思教授曾经赴南京当时号称藏书“江南之冠”的国学图书馆博览群书。当时有位馆员问他：“先生来馆的读书计划如何？”

蔡教授爽快地回答说：“我来这里，至少要把馆藏的历史文集翻完。”馆员听后大惑不解，不禁摇摇头说：“古来没有此种人。搞文学史的人尚且不能如此，何况搞思想史、文化史的人呢。”随后又问：“先生预备住读多少年呢？”

蔡教授坚定地答道：“事在人为。一年可以等于两三年，例如每天用十七八个小时读书；反之，两三年也可以等于一年，甚至比一年还少，例如每天只用五六个小时读书。我决心每天用十六七个小时翻阅中国历代文集。”

馆员听后只是微笑，大有嘲笑他不自量力的意味。见此情景，蔡教授在心中暗暗警告自己：“一言既出，驷马难追！我如不说到做到，将来就无面目向此人告辞而走出这个图书馆大门了。”

于是他惜时、专心，“化一天为三天”地苦读，终于取得了胜利。蔡教授这种水滴石穿的精神和超乎常人的顽强毅力，怎不令人钦佩！

决心攀登高峰的人，无疑必须具有顽强的意志。一个人要自觉地确定奋斗目标，并根据目标调节支配自身的行动，进而克服困难去实现目标。这是人的主观能动性的突出表现，意志品质则决定着一个人能否按照预定的目标，坚忍不拔地坚持到底并彻底完成任务。在这种水滴石穿的精神力量背后，包括了“决心”、“信心”和“恒心”这三个重要的心理要素。它们之间相互渗透、相互作用，共同制约着人们的意志行为。

不在小，只要水长流。有心达到目标，就必须咬定目标，目不旁顾，既不为有诱惑力的事物所干扰，也不犹豫摇摆，见异思迁。只有持之以恒，坚持到底，才不会半途而废。

在迈向成功的道路上，每当实现了一个近期目标，决不要自满，而应该挑战新的目标，争取新的成功。要把原来的成功当成是新成功的起点，要有一种归零的心态，这样才会永远有新的目标，才能不断攀登新的高峰，才能享受到成功者无穷无尽的乐趣。所以，最好的办法就是，永远不要停下来，让生命的齿轮天天转动，这是让它永不生锈的奥秘。

不要害怕，犯错并非坏事

追求完美是做事的终极目标，但完美的事物也许根本就不存在，只要做事，犯错误才是常态。不要害怕犯错，犯错有时候并非坏事。只要善于从错误中积累经验，不再犯同样的错误就可以了。有些人畏惧错误，因为他们并没有理解错误的真正含义。错误并不等于失败，只要能在错误中学到教训，错误就只是成功路上的一个小插曲。

陈小风毕业后来到一家进出口贸易公司上班，不仅要和国内的厂商打交道，还要常常与外商沟通。但因为是新人，老板交代的任务都比较明确，他也能比较好地完成。虽然犯了一些小错误，但他并没有灰心，而是不断总结经验和教训，工作能力有了很大的提高。老板非常欣赏他。

两年后，老板放宽了给他的权限，让他尽管去联系厂商，可以自行确定商品的价位以及决定最后给外商的价格。

得到了更大的权限，反而让他踌躇不前。这段时间，陈小风将目光转向非洲一个新兴市场，可是他始终不能对商品进行准确定位，主要是担心自己会犯错误，因为他的一个错误可能会给公司带来很大的损失。老板鼓励他："这是一个新市场，大胆干，不要怕。"

陈小风得到了老板的支持，放下了怕犯错误的想法，开始全身心投入到市场中。虽然，刚开始的几笔单子的确没有让公司盈利，但是几个回合下来却掌握了市场的脉搏，也找到了需求，市场终于被顺利打开。

有的人做具体事可以，让他负责任，就有些胆怯，怕犯错误，怕出丑怕丢人，犹豫不决。陈小风开始时就是这种想法。他总结了经验和教训，从错误中得到有价值的东西，思维也得到了开拓，终于取得了应有的业绩。可见，只要我们能够正确认识错误，错误就会变成一件有意义的事情，变成我们通往成功的踏脚石。

害怕犯错误的人，其实是没有安全感的人。他们害怕打破以往的规矩和现状，害怕打破曾经取得的成功经验，认为保持现状才是最安全的，他们不想把自己带入一个不确定的世界，在他们看来，与其承担更大的失败风险，还不如在既定的轨道上运行。

错误是理性思考必要的副产品，它可以告诉我们什么时候该转变方向，教会我们下一次该如何改正。也如当头棒喝，给我们一个警告，让我们谨慎行事，不再犯同样的错误，从错误中我们可以获得经验教训以及新的希望。

犯错并不可怕，不敢面对自己的错误和毛病，不愿意改正自己的不良言行，不敢于承担责任，隐瞒自己的错误，从错误失败中学不到东西才最可怕。吃一堑长一智，不栽在同一个坑中，不踏进同一条错误的河流，自己的目标就有实现的可能，因为我们始终走在进步的路上。

德国奔驰制造公司招聘员工，筛选入围的应聘者，老板亲自面试。最后，老板问了大家这样一个问题：在以往的工作中，你犯过多少次错误？为什么犯这样的错误？很多应聘者为了给老板留下一个好印象，都回答说很少犯错。只有一个年轻人说自己经常犯错，犯过的最大错误是他想改进一个步骤，结果把一台机床给损坏了，弄得自己被扫地出门。

最后的结果是，老板决定录用那个经常犯错的年轻人。老板说，这个年轻人敢于犯错，而且能承认错误，并能从中吸取教训。他为创新犯的错误，别人已经买过单了，我们为什么不享受呢！

年轻人进入工作后，果然表现出很强的创新精神，为公司创造出了很大的业绩。

德国奔驰制造公司老板的想法确实异于常人，识人的能力也可以说独具慧眼。人不犯错误的情况只有两种，要么是说假话，要么是安于现状不思进取。这两种都是公司不欢迎的。古语说："人非圣贤孰能无过。"一个不尝试创新的员工，一定错误很少，责任很小，得到晋升的机会也一定很小。

每一种创伤，都是一种成熟

人总是在挫折中成长，在伤害中成熟。不经一事，不长一智。只有亲身经历过的，才能有更深的体会。只有当自己亲自拨开阴霾见到月明的时候，我们才能发现：原来经历真的只是一种财富，创伤事实上是一种成熟。

曾经有一个孩子蹲在地上观察一颗露出地面的种子，种子已经开始发芽。“爸爸，芽苞是种子的伤疤吗？”孩子问站在旁边的父亲。

父亲认真地想了想，说：“孩子，种子在发芽时，确实会留下伤口，但那伤口处开出的是希望，是生命之花。孩子，你看这芽苞，是不是更像一朵美丽的花呢？”

的确，每一种痛楚都是一种成熟，每一颗种子都需要经历破裂之痛才能发出新芽。蚌在痛苦中孕育的是晶莹的珍珠，蛹在桎梏中孕育的是美丽的飞翔。生命只有在痛苦的洗涤中，才能逐渐完善，创伤是成长和成功最好的养料。

希尔从商学院毕业后，找了一个速记员兼簿记员的工作，由于希尔运用“付出多于报酬”法则，因此他晋升得很快，同时他在银行也有了存款。就在希尔开始得意时，他的老板宣布破产，希尔也因此失业了。

之后，希尔在一家木材厂找到了一份工作，他的职务是销售经理。虽说对于木材一无所知，但是第一次工作的经验让希尔有信心做好这么一份工作，为了做得出色，希尔从来都是主动做事，而不是让人安排他去做事。这样，希尔在新公司也取得了不错的成绩。

天有不测风云，就在希尔的第二份工作开始稳定并转好时，1907 年的大恐慌袭击了很多商家和银行，希尔一夜之间“破产”了，他被大恐慌夺走了每一块钱。

希尔的第三份工作是汽车推销员，由于希尔在木材方面有丰富的销售经验，正好有了用武之地。再加上希尔一贯的“付出多于报酬”的好习惯，让他的销售业绩很好，从而接触到了汽车制造业。然后，希尔在汽车厂开设了一个把一般工人培训成为汽车装配与修理工的培训部，这个培训部很红火，希尔又一次接近成功的彼岸。

后来，希尔的发展史受到了银行的关注，毫不犹豫地把钱借给希尔发展事业。银行经理不断借钱给希尔，直到最后希尔无力偿还，然后银行经理面不改色地把希尔的事业接管了过去，仿佛这一切本来就是属于他的。或许这从一开始就是一个阴谋。

希尔再一次成为了穷光蛋。后来经过家人的帮助，希尔成为了一家大煤矿公司的首席法律顾问。过着安稳又自在的日子，但是这一切都不是希尔需要的，他毅然辞掉了工作。

不进则退，希尔知道，安逸的环境只会让一个人退化。只有不断地努力与奋斗才有力量，才能成长，否则就会衰退。

后来希尔重新做了一个选择：去芝加哥重新开始他的事业。

希尔在芝加哥很快就找到了一份工作，在一所大规模的函授学校担任广告部经理。但是希尔对于广告所知不多，还是因为以前有过推销的经验，再加上希尔运用“付出多于报酬”的原则，很快希尔就“东山再起”，崭露头角。

希尔仿佛看到成功在向他招手。慢慢地，成功的光环又开始围绕着希尔，希尔又看见那一桶闪光的金子就在他触手可及的地方，希尔不由得飘飘然起来。

“我深信，自我陶醉是最可怕的敌人。就我个人而言，自我陶醉和挫折相比，我更害怕前者。”希尔这样说。

的确，自我陶醉是一种危险的心态。函授学校的校长说服希尔和他合伙生产糖果，他们组建了贝丝•洛丝糖果公司，希尔是第一任总裁。不久，他们的生意越来越好。希尔很自然地认为自己已经接近成功了。

然而，当一切都在继续的时候，希尔的两个合伙人企图吃掉希尔在公司的股份，他们捏造莫须有的罪名，使希尔被捕，但是提出撤销上诉的条件是，希尔必须把股份让给他们。

希尔第一次开始明白人心竟是如此残忍、虚伪以及不讲道义。事业也随之跌入谷底。但是希尔面对自己的生活再一次遭受困境的时候，并没有选择报复，而是选择了宽容。

直到1918年11月11日，第一次世界大战结束。希尔站在窗口望着欢庆战争结束的群众，开始回顾自己20多年来的大起大落，他在打字机前坐下来，迅速、轻松地开始写他的《希尔黄金法则》，通过与乔治•威廉先生的合作，出版了《希尔黄金法则》。

沉睡在希尔心中20年的愿望终于成为现实，在过去的岁月里，希尔其实一直希望成为一名报纸编辑。在梦想开始的地方，希尔取得了终极成功。

回顾希尔风云变幻的一生，可谓历尽曲折、风雨飘摇，他经历过无数次的失败和成功。我们看他的成长轨迹会发现：几乎每一个成功后面都紧跟着一个失败，而每个失败后面又蕴含着一个更大的成功。他的人生是失败和成功的交替循环。每一次失败都让他备受历练，而每一个成功都让他更加自信。是挫折和历练成就了希尔传奇的一生。

希尔的经历让我们看到：在每一次的创伤背后，都演绎了另一种成熟。失败不仅提供了宝贵的经验和教训，更重要的是，它一次次把我们推向成功的巅峰，指引我们找到新的道路，“每一种逆境中都蕴含着相等或更大利益的种子”。

可见失败并不可怕，可怕的是在失败中一无所获。失败的意义在于它本身是一种历练，而每一种历练都是财富，每一次创伤都将使我们走向成熟！

第08辑

坚定信念，成功就在不远处等你

很多时候，打败你的并不是所谓的恶劣环境和棘手的问题，而是你自己对未来的恐惧和对自己信念的怀疑。事实上只要你能够矢志不渝，那么结果一定不会是失败的，如果你还没能成功，那必定是因为你的努力还不够。而那些如恶魔一般的恐惧，只有在你意志不坚定、信念动摇的情况下才会出现。

有没有意志力决定未来的成败

美国著名发明家爱迪生说："伟大人物的最明显标志，就是他坚强的意志。"作为一种力量、一种精神，意志力是指一个人或一个组织想要达到某种目标而自觉奋斗、永不退缩的心理状态。它表现为一种承受能力、一种精神气质。一个人意志力的坚强或薄弱，主要是指在承受过程中，这种精神气质得到多大程度的体现。我们可以虚拟一个关于意志力的坐标或数轴，这种精神气质在坐标或数轴的正方向延伸得越长，意志力就越坚强；相反，意志力就越薄弱。

意志力不仅能够完全控制一个人的精神世界，还能让人的心智达到前所未有的高度。意志力是一把可以开启人类洞察力和征服力的神奇钥匙，是每一个成功者都拥有的最重要的精神特质。研究人员发现，意志力的发展对一个人的成功有举足轻重的作用：一个人决心要完成某种行为时，意志力就代表着他的一种精神力量。一个人有了顽强的意志，就意味着他能够通过意志力本身以及自己的身体或其他事物，利用巨大的能量来达到自己的目标。哈佛大学的研究发现和爱默生所说的一致：意志力是一种"对整个人进行激励的冲动"。

所以，提升意志力，拥有超强意志力对赢得成功的人生是至关重要的。

石油大王洛克菲勒，是美国19世纪的三大富翁之一，最辉煌的时期曾掌握全美制油业95%的实权，一生赚进了至少10亿美元，是资本主义世界的第一个10亿富翁，享年98岁。

洛克菲勒常常告诫自己的子孙："富贵不过三代。白手起家的第一代，往往缺乏创业的条件，你们要明白，如果不努力，根本就没有出头的日子。为了追求创业条件，他们事事都必须耗费苦心，在这种困境中创立起来的基础一定是扎实的。第二代如果善于利用这个基础，往往不太容易受到影响，他们起码还知道用功。到了第三代，不但没吃过苦，甚至没有见过什么苦，因此容易松懈。人一旦松懈了，就会不知不觉地疏于防范。所以说，富贵不会超过三代。”

众所周知，洛克菲勒的发家史就是一个坚忍不拔、勇于拼搏、不断进取的过程。他以坚强的意志力在贫困中崛起，又以平常的心态长守一生的财富。

所以，意志力不仅是一种动态的思想力量，还是一种对目标不懈追求的力量，这种目标可以是暂时的，也可以是持久的、长期的；可以是只涉及为人处世的细微之处，也可以是关系到人的一生的复杂利益组合。而意志力在长期目标中所起的作用，则取决于其在平时完成某些事时所起的作用。

在一些偶然发生的事件中，意志力通常也能表现出巨大的力量。但如果面对的是某一事件的全过程，或者关系一生的宏伟目标，它又可能会表现得有些力不从心。换句话说，一个人的决心通常是不坚定的，因此，他无法在一段很长的时间内或者一系列行为中保持完全的意志力。当然也就难以通过意志力去实现长期的目标。因此，有没有超强意志力是关系人一生成败的重要条件。

研究表明，意志力是一种有限的资源。当你下意识地控制自己的冲动、想法或做出决定、抵御诱惑时，你就会感到疲倦。意志力耗尽之后，你就无法积蓄下一阶段所需的意志力了。

因此，最好的做法是在挑战和诱惑面前坚定不移，将这些积极的做法形成习惯，就像每天刷牙、吃饭一样。

洛克菲勒年轻的时候，为了让自己保持超强的意志力，常常写下激励性的文字，放在自己随时能看到的地方，并在脑海中逐渐强化这些内容。另外，他每天（每周或每月）腾出一段时间审视自己，确定自己的哪些做法是值得肯定并需要继续发扬的，弄清哪些做法是需要避免并改正的。

他还经常告诉自己周围所有的亲人、同事和朋友要记住生活和工作过程中的积极体验，把不良情绪抛到一边。以此增加自己的自信心。

当然，我们在培养意志力的过程中，不要指望一次就能获得成功，通常培养超强意志力要反复尝试很多次才能成功。每次失败时，都要把原因找出来，想出解决办法，多试几次，保持足够的耐心。

没有人能夺走希望，除了你自己

如果有人叫嚣着要夺走我们的所有，那绝对是不可能的事情。因为，在这个世界上，就算一个人强大到真的能主宰我们的命运，他也没有办法控制我们的心智。心，是惟一一处属于我们自己的领土，是别人无法抢夺的东西。因而人们常说："只要有希望在，你就永远不可能被打败。"

现实生活中，很多人失败或者颓废，并不是因为他们遇到的现实真的有多么的不幸，只是他们的双眼全部被悲伤、绝望蒙蔽了而已。

有这样一则小故事：

两个旅人在沙漠行走，结果迷失了方向。其中一人与同伴商量之后决定由自己去找水，同伴在原地拿枪等候。当然了，等候的人也有分工，他需要每隔一小时鸣一枪，以此来指引那个去找水的同伴归来的方向。

六小时后，手握枪支的那个人看着静悄悄的四周，他已经不再相信同伴会归来，便把最后一颗子弹射进了自己的头部。

而就在这时，前去寻水的同伴刚好翻过了那个山头，顺着枪声出现在了握枪者目所能及的地方。

的确，大部分的人在遭遇某种困境的时候，心里的无助很容易被无限放大，以为自己处在了某个走投无路、孤立无援的境地，却不知道也许只需再坚持片刻，一切都会出现转机。那些一破产、股票一跌就选择轻生的人，他们的内心是非常脆弱的。他们难道就没有想过：在自己纵身一跃，选择远离这个世界的时候，股票一股脑疯涨，那自己当时的决定岂不是很愚蠢？

所以面对困境，不同的选择造就了不同的结果。乐观积极的人得到了很好的经验，悲观消极的人甚至付出了生命。因此，“生死一念之间”这句话并不为过。关于这一点，2008年的汶川大地震就是一个最好的例子。

那个时候，官兵们不顾辛劳、日夜奋战，新闻播报中不断地传出生命的奇迹，不就是因为所有营救人员都有一个坚定的信念吗？正如温家宝所说：只要有1%的希望，我们就要付出百倍的努力。官兵们正是在这种信念的支持下，才不辞劳苦地救出了一个又一个被埋在废墟里却不放弃生的希望的人。

2008年5月20日18时45分，当时的报道震惊了很多人！成都空军某训练团在四川彭州市龙门山九峰村营厂沟成功解救出了被困196个小时的王有群。并且，这是一位60岁的老太太，她是汶川大地震中被埋时间最长的获救者。

据悉，当地震发生的时候，王有群被垮塌下来的房梁砸伤了头部，但是她并没有轻易地倒下去。在生的希望的驱使下，她艰难地向外爬了800多米，也算是自救比较成功的一位。只是浑身无力，又受了些伤，被困山上。等到解放军官兵发现并解救她的时候，她的神志居然还是清醒的。这不能不让人惊讶。

60岁的老人，恶劣的环境，头部负伤，没有任何吃的喝的，一个多星期的时间里居然存活了下来，并且还神志清醒。这是一个奇迹！当然了，除了老人脑中的永不放弃之外，还要感谢那些可亲可敬的人民子弟兵。他们在过了“黄金救援期”之后，依然不放弃心中对于“仍然有幸存者存在”的希望，努力发掘寻找，终于创造了奇迹！

和王有群一样创造生命奇迹的还有一个人，映秀湾水电总厂发电部副主任马元江先生。他在得救前已经在废墟下被压了整整178个小时，相当于5天的时间。根据后来调查的原因显示：马元江的心态太好了，被压的时候依然是一副乐观主义者的态度，这是他能够活下来的重要原因。

由此可见，良好的心态是那些创造了生命奇迹的人们给予我们的启示：只有在困境中不放弃心中的希望，绝望才会离我们而去！

心中存有不灭的希望是一件多么了不起的事情！因为，它不仅能指导人们看到前方的路，还让人们获得了新生！

对于信念、希望的把握，并不仅限于生死一线之时。在现实生活中，时时处处、点点滴滴其实都非常需要这样一种心态。

重庆市著名的力帆集团董事长尹明善，他只有高中文化却做到了最后的成功：力帆控股有限公司董事长，重庆市政协副主席、全国政协委员，中国光彩事业促进会副会长。

当他回想起自己二十几年前创业时，感慨无限。那个时候的力帆远远不是如今这个模样，只是一个小作坊。后来经过了8年的奋斗，企业才终于从那条小巷子搬出。

而在这期间，一拨儿又一拨儿的人因为觉得企业没有任何的发展前途而离开力帆另谋了高就。只有尹明善从不放弃心中的希望，苦苦撑了下来。

后来的事实再一次证明了：希望的曙光就在前面，只要你有足够的耐心去迎接就一定会沐浴在胜利的霞光里。

希望是人们对于未来的憧憬，对美好生活的向往。一个人只有在脑中有了向往和追求，并矢志不渝地坚持，憧憬的种子才会生根、发芽、开花、结果。因而在前进的道路上无论遇到什么艰难困苦都不能放弃前进的脚步。因为希望给人以动力，给人以光明。

某部电视中有这样一组镜头：男女主角同时掉进了恐怖的黑洞，女主角因为消极悲观觉得没有了出路大哭起来，并说了很多泄气的话，甚至还埋怨起了男主角。

这时，男主角静静地说了一段很有意义的话。他说："在一个炎热的夏日里有一只青蛙太渴而去找水喝，可是它总是不停地选择新的地方挖土找水，并不继续深挖下去。某次，当它好不容易坚持到最后，却挖到了一块很大很大的石头。青蛙失望地大哭起来，之后走开再到别处挖井找水喝。"

结果怎么样，我们大概都能猜到：青蛙最后渴死了。原因很简单，它又累又渴，却就是找不到水来解渴。其实，那次碰见大石头的时候只要它哪怕再使一点点的劲搬开那块石头，就不至于渴死了。因为石头下面就是它想要喝到的水。可是没有坚持的青蛙放弃了那块石头，也就意味着放弃了心中的希望。

这是一个经常在别的地方也可以看见的寓言故事。它的寓意很简单，无非就是要告诉我们：做任何事，只要坚持住心中的希望不放弃，就一定会成功；而如果没有坚持住，放弃了，那结果就只能是丢弃了本该属于自己的永久希望。

因而，人们常常说："面对挫折，失败的人之所以失败（除掉某些不努力的原因之外）就在于失去了信心半途而废；而成功的人会想办法越过障碍，取得下一秒的成功。所以，成功属于那些永不放弃希望的人。"

上天对于每个人都是公平的，不同的就是每个人面对问题的心态罢了。同样的挫折，同样的困境，不同的人看的角度不一样采取的措施就不一样，得到的结果也就完全不同。这就是为什么有的人总是能创造出奇迹，而有的人默默地就销声匿迹了。

很多人说喜欢阳光，那是因为阳光除了带给人温暖，还给人希望。只要不放弃希望，就会出现奇迹。而那希望，是自己给自己的。只有心中永存必胜的信念，做任何事情都富有激情，那结果也会向着好的方向发展。

成功就是爬起比跌倒的次数多一次

唯物和唯心的观点中有一点是相同的：人的出身没法选择，但却可以自己把握继而改变。这个世界上，有的人庸庸碌碌忙活了一生，临老却只能仰天长叹“生不逢时，英雄无用武之地！”而有的人却能叱咤风云，纵横捭阖。

为何有这么大的差异？如果按照唯物主义的说法，那就是：你既然是英雄，那就该能动地改造自己，让自己英雄的潜质发挥出来。

机会对每个人都是均等的，你不能一味地抱怨生不逢时，无人赏识。其实，仔细研究起来，就会发现：那些所谓的天时、地利、人和，很大一部分是自己创造出来的。因为，结果的不同只在于每个人抱有的态度不同！

俗话说得好“天生我才必有用”。既然是“必有用”，那就证明了只要去用就一定可以展示出它的用途。很多人成功地攀上了顶峰，并不是他受到了上天的眷顾，只是因为他在每一次失败的时候都坚强地站了起来。当他站起来的次数比跌倒的次数多的时候，他就站在了那里，因为胜利永远只向强者招手！

我们都说成功的路上布满了荆棘和坎坷，跌倒在所难免，受伤毋用置疑。但是后面还有一句话：“跌倒了站起来，受伤了让伤口愈合再接再厉，就一定能到达成功的目的地。”

因而，我们可以看出：成功并不是多么难的一件事情，只是要求你跌倒的次数永远小于爬起的次数，受伤的伤口一样要让它愈合起来，如此而已！而这个过程，就是一个改变自己，调整自己步伐迈向成功的修订过程。

有一只乌鸦打算飞到东方去，途中它遇到了一只鸽子。刚好双方都停在一棵树上休息便聊了起来。鸽子看见乌鸦的飞行很苦，就问："请问你这是要飞到哪里去啊？"

没想到乌鸦愤愤不平地说"东方！其实我也不想离开这里，可是这个地方的居民嫌我的叫声不好听。为了这个，我不得不飞到别的地方去。"

鸽子听了乌鸦的话，好心地劝他道："你还是别白费力气了。我看你如果不从根本上改变你的声音，你飞到哪里都不会受欢迎的。"

从这则寓言小故事中我们可以看出：如果你对自身的缺点视而不见，只是一味地抱怨周围的环境，那你的努力势必是徒劳的。惟一成功的方法就是将自己改变得更好，更接近于成功的标准。而这，就是那个跌倒了之后该有的处理过程。包扎伤口，重新审视自己，站起来轻装上路。

当我们回顾自己那些曾经的成功历程的时候，是不是发现站起来的次数永远比跌倒的次数多？而当你遭到失败时，别人最喜欢鼓励你的一句话就是：没关系，你可以再来一次，别忘了失败是成功之母。

正因为失败孕育了成功，才显出了成功的可贵，因为它永远都要求你鼓足干劲，再试一次！当你站起来再试一次的次数大于跌倒的次数时，你便成功了。

凡尔纳是世界闻名的法国科幻小说作家，但他成名之前的生活很少有人知道。当初为了发表自己的第一部作品，凡尔纳曾经遭受过很大的挫折！曾有一段令他难以忘却的经历。

1863年冬天的一个上午，凡尔纳刚吃过早饭，正准备到邮局去，突然听到一阵敲门声。凡尔纳开门一看，原来是一个邮政工人。工人把一包鼓囊囊的邮件递到了凡尔纳的手里。一看到这样的邮件，凡尔纳就预感到不妙。

自从他几个月前把他的第一部科幻小说《乘汽球五周记》寄到各出版社后，收到这样的邮件已经是第14次了。他怀着忐忑不安的心情拆开一看，上面写道："凡尔纳先生：尊稿经我们审读后，不拟刊用，特此奉还。

某某出版社。”

每看到这样一封退稿信，凡尔纳都是心里一阵绞痛。这已经是第15次了，还是未被采用。凡尔纳失望并愤怒了。他觉得是那些出版社的“老爷”们看不起自己这个无名作者。甚至，他愤怒地发誓，自己以后再也不写了。

于是，他拿起手稿向壁炉走去，准备把这些稿子付之一炬。凡尔纳的妻子及时赶过来一把抢过了那些手稿。无论愤怒的凡尔纳如何想得到它们，她都紧紧地将它们抱在胸前。

后来，急中生智的妻子安慰丈夫说：“亲爱的，不要灰心，再试一次吧，也许这次能交上好运的。”听了这句话以后，凡尔纳冷静了下来。他沉默了好一会儿，然后接受了妻子的劝告，又抱起这一大包手稿到第16家出版社去碰运气。

让人意外的是，这次并没有收到像之前那样的“邮包”，而是一纸采用通知书。因为这家出版社慧眼识英才，对书稿表现出极大兴趣，决定立即出版。于是，凡尔纳和他们签定了20年的出书合同。

试想，如果没有他妻子的疏导，没有“再努力一次”的勇气，没有跌倒之后再站起来的那么一次，现在的我们也许根本无法读到凡尔纳笔下那些脍炙人口的科幻故事，世界上也就失去了一份极其珍贵的精神财富。

可见，我们在遭遇失败时，“坚强地爬起来”是多么重要。其实人生中很多事都是这样，成功往往是在最紧急的关头我们从失败中站了起来，希望就藏在失败的绝望中。只要我们不轻易地顺着失败的步伐跌倒下去，而是做到全心身地投入“再努力一次”，就一定能抓住成功。

某位著名的推销大师在即将告别他推销生涯的时候，应行业协会和社会各界的邀请，在该城中最大的体育馆做告别职业生涯的演说。

那天，会场座无虚席，人们都在热切、焦急地等待着当代最伟大的推销员做精彩的演讲。当大幕徐徐拉开的时候，映入人们眼帘的是：舞台正中央吊着一个巨大的铁球。一位老者在人们热烈的掌声中走了出来，却站在搭架铁球的铁架一边。他穿着一身红色的运动服，脚下是一双白色胶鞋。

人们惊奇地望着他，不知道他要做出什么举动。

这时，两位工作人员抬来了一个大铁锤，放在老者的面前。主持人这时对观众说：“请两位身体强壮的人，到台上来。”好多年轻人站起来，转眼间已有两名动作快的跑到台上。

老人这时开口和他们讲了上台的原因，就是请他们用这个大铁锤，去敲打那个吊着的铁球，直到把它荡起来为止。

一个年轻人抢着拿起铁锤，拉开架势，抡起大锤，全力向那吊着的铁球砸去，一声震耳的响声，铁球动也没动。这个年轻人接着用大铁锤接二连三地砸向铁球，很快就气喘吁吁，可是铁球仍然纹丝不动。

另一个人也不示弱，接过前面那人的大铁锤把铁球打得叮当响，可是铁球仍旧一动不动。台下逐渐没了呐喊声恢复了安静，观众等着老人的反应。

等会场都安静了下来，老人从上衣口袋里掏出一个小锤，然后认真地面对着那个巨大的铁球敲了起来。刚开始，小锤对着铁球“咚”敲了一下，铁球丝毫没有反应，但是老者稍微停顿一下，再一次用小锤“咚”敲了一下。人们奇怪地看着，老人就那样“咚”地敲一下，然后停顿一下再“咚”地敲一下。就这样持续着。

10 分钟过去了，20 分钟过去了，会场骚动起来。有的人叫骂着，用各种声音和动作发泄着他们的不满。可老人没有受到任何影响，仍然一小锤一停地敲打着，他好像根本没有听见人们在喊叫什么。人们开始忿然离去，会场上出现了大块大块的空缺。留下来的人们好像也喊累了，会场渐渐地安静下来。

大概在老人进行到 40 分钟的时候，坐在前面的一个妇女突然尖叫一声：“球动了！”刹时间会场立即鸦雀无声，人们聚精会神地看着那个铁球。的确，那球以很小的摆度动了起来，不仔细看很难察觉。老人并没有任何表情，仍旧一小锤一小锤地敲着，人们好像都听到了那小锤敲打铁球的声响。随着老人敲击的频率不断持续，铁球摆动的幅度也越来越大，甚至拉动着那个铁架子“哐、哐”作响，它的巨大威力强烈地震撼着在场的每一个人。场上爆发出一阵阵热烈的掌声，在掌声中，老人转过身来，慢慢地把那把小锤揣进兜里。

老人开口讲话了，但只说了一句话：“在成功的道路上，如果你没有耐心去等待成功的到来，那么，你只好用一生的耐心去面对失败。”

这是多么生动深刻的一课啊！推销大师用实际行动让我们看到：有的人不肯踏踏实实地奋斗去换取一生的幸福，却甘愿用尽一生的耐心去面对失败的痛苦，这就是他们失败的根源；而另一种人呢，他们愿意用足够的耐心和毅力坚持奋斗，哪怕是面对失败也是一次次地持续站立起来。

从整个人生来看，只有很小一部分的时间用在了跌倒和失败上，换来的却是一生的幸福。这让我们看到坚持跌倒之后站立起来是多么重要，成功在很多时候真的只是在下一个路口等待着我们。

只有内心坚强，才不会被困难打倒

我们知道，一个人的成功，最主要的是取决于他的勤奋和毅力。而勤奋和毅力哪里来？强大的内心！只有有了坚韧的心灵，才不会被困难打败。分析那些历来成功的人士，他们的共同之处就在于拥有百折不挠的精神。

有人问一位智者：“请问，怎样才能成功呢？”智者笑笑，递给他一颗花生说：“用力捏捏它。”那人用力一捏，花生壳碎了，露出了里面的花生仁。

“再搓搓它。”智者接着说。那人又照着做了，这时候花生外面红色的种皮被搓掉了，只留下白白的果实。

但是智者还在指挥那个人："再用手捏它。"那人用力地捏着，却怎么也没法把它毁坏。智者在一旁支招："再用手搓搓它。"可是，不用想都知道，那个人什么也搓不下来。

最后，智者才说："虽然屡遭挫折，却有一颗坚强的百折不挠的心，这就是成功的秘密。"

其实，这是一句说着容易做起来难的话。在面对困难、困境的时候，人性的弱点决定了很多人在长期受到心灵煎熬的时候选择了屈服，最后只能得到一个不太满意的结果。可是，人们又是那么渴望成功，希望自己能站在胜利的顶峰。在两方面的权衡之下，成功的人选择了后者，于是，他成功了！

这方面，残疾人是最好的例证！他们虽然身有残疾，但意志坚定地活着，微笑地面对着生活的不幸，最终，连老天爷也微笑地对他们开了大门。严格说起来，并不是因为他们身体已经有了残缺，老天爷才特别眷顾他们，只是他们表现出的坚强意志连上天都感动了。

其实，只要意志坚定，很多事情都会发生一百八十度的大转弯。

曾经，有个生活非常潦倒的销售员，他因为每天都过着穷酸的生活而埋怨自己的"怀才不遇"、命运的捉弄、老天的不公，却没有想想自己平时的行事、做事风格：只要受到一点点的委屈，立马就怨天尤人不能自已；只要客人一对他抱怨，他就觉得自己是那么的失败，毫无价值可言。

圣诞节前夕，当家家户户张灯结彩，周围一片佳节的热闹气氛时。他正独自一个人坐在公园里的一张椅子上回顾往事。

去年的今天，去年的去年的今天，他都是孤单一个人以醉酒的方式度过圣诞节，没有新衣，没有新鞋子，没有朋友，没有食物，更甭谈新车子、新屋子了。

"唉！今年我又要穿着这双旧鞋子度过圣诞了！"说着他沮丧起来，觉得自己很没有用，准备脱掉穿着的旧鞋子发泄一下情绪。

这个时候，他看见一个年轻人自己推着轮椅艰难地从雪地上走过。虽然地面很滑，又有一些坡度，但是他依然顽强地转动着轮子企图自己将自己推上去。周围有很多玩耍的小孩子在看着他，他（她）们嘴里笑着闹着，都在尽力地嘲笑面前那个自不量力的人。然而，年轻人并没有受到什么影响，依然固执地转动轮子。最后，在一片惊呼声中他上去了。

从中，推销员看到了那个年轻人坚强的意志和强大的内心。他想：如果那个人是当时的自己，一定恨不得找一个无人的地缝钻进去好了。但是那个年轻人却忘我地前进着，因为他的目标是自己上去那个坡，没有什么能阻止那件事情的发生。即使是别人的嘲笑也不能。

那天之后，这名推销员发奋图强，力争上游，锻炼了自己坚强的意志。终于，他成了一名百万富翁。

成功不是一蹴而就的，它是一个不断尝试、屡败屡战的过程。我们在成功的路上可能会遇到很多困难和一些小小的失败，但只要我们迎难而上，愈挫愈勇，磨练自己钢铁一样的意志，就有可能接近成功。因为懦弱者永远与成功无缘，成功只属于内心强大、坚忍不拔的人。

1904 年，奥斯特洛夫斯基出生在乌克兰一个工人家庭，父亲是一家酿酒厂的季节工，母亲在大户人家当厨娘，家境十分贫寒。

小时候的贫困生活让他比较早熟。13 岁的时候，他就开始积极参加革命活动。1918 年，奥斯特洛夫斯基的家乡一度被德国军队占领，他冒着生命危险完成了组织上交给自己的收集敌人情报和将革命布告贴到德军司令部哨兵棚上的任务，显示了他机智、勇敢、不怕牺牲的精神，得到了同志们的赞扬。

1919 年 7 月，奥斯特洛夫斯基的家乡成立了共青团，踊跃的革命激情让他成了第一代共青团员，并参加红军奔赴前线同白匪军作战。

第二年在一次激战中，他的头部、腹部多处受伤，右眼因为受伤而丧失掉了几乎 80% 的视力。严重的伤痛使得奥斯特洛夫斯基不得不离开队伍。然而，伤势刚刚有所好转，他就以高度的革命自觉性又加入了为革命服务的行列中。他开始转入劳动建设，先是到一家铁路工厂当助理电机师，后又自愿报名参加突击队，投入修筑铁路的艰苦劳动中。那时在工地上，他染上了伤寒并患了风湿病，常处于昏迷状态。

但是那场大病还未痊愈，他又积极投入到了在第伯聂河上抢捞木柴的紧张劳动中去。因为这项工作需要长时间泡在齐腰深的冰水中，致使他的风湿病更加严重，很快迸发了多发性关节炎、肺炎。从此失去了健康并日趋恶化。

1929 年的时候他全身瘫痪，双目失明，完全失去了活动能力，但他没有丝毫的悲观消沉，他说："只要心脏还没有停止跳动，就要使自己成为一个对党有用的人。"正是这铁一般的信念和意志支撑着他，他在病床上开始从事文学创作。

1927 年底，奥斯特洛夫斯基在与病魔做斗争的同时，创作了一篇关于科托夫骑兵旅成长壮大以及英勇征战的中篇小说。

两个月后小说写完了，他把小说封好让妻子寄给敖德萨科托夫骑兵旅的战友们，征求他们的意见，战友们热情地评价了这部小说，可万万没想到，手稿在回寄途中被邮局弄丢了。这意外的打击对他来说，实在是太残酷了，但这并没有挫败他的坚强意志，在参加斯维尔德洛夫共产主义函授大学学习的同时，他开始构思规模更大的小说——《钢铁是怎样炼成的》。

1934 年这部小说终于出版并获得了巨大的成功，他也被吸收为苏联作家协会会员。随后，奥斯特洛夫斯基开始创作另一组三步曲长篇小说《暴风雨中诞生》。

奥斯特洛夫斯基的一生极其艰难坎坷。但是他不屈不挠，从未在心底向困难投降。他的精神影响着整整一代人，只要提到他的名字，人们想到的就是那段名言：

人生最宝贵的是生命，生命属于人只有一次。一个人的生命应当这样度过：当他回忆往事的时候，他不致因虚度年华而悔恨，也不致因碌碌无为而羞愧；在临死的时候，他能够说："我的整个生命和全部精力，都已献给世界上最壮丽的事业：'为人类的解放而斗争'。"

从奥斯特洛夫斯基身上，我们看到了生命的真谛，看到生命不息、奋斗不止的顽强精神，他用生命告诉我们：一个人只有将自己武装到内心，让自己有一颗铜墙铁壁般的心，才能够克服艰难险阻立于不败之地，让生命更富价值！

有信念就要有热情，有热情才能成功

爱迪生有句名言：热情是能量，没有热情，任何伟大的事情都完不成。的确是这样，任何时候就算是有坚定的信念，没有十足的热情也是干不好的。因为，想是一回事，做又是另外一回事。而做，首先必需的就是热情。

面对科学上枯燥的研究课题，研究人员要有十二万分的热情来工作。当然了，热情是万精油，它并不仅仅对科学家有作用，其他各行各业都受用。因为它是力量的泉源，是最具感染力的感情，上帝也认为这是最富价值的东西。

一位觉得传道是一件很枯燥的事情，已失去传道热情的牧师，夜里做了一个梦。他梦到自己被带到了天堂，接受他这一生为上帝工作的赏赐。

最开始，有个天使送来一个华丽灿烂的冠冕，上面镶满了珍珠宝玉，旁边的天使长却说："你拿错了，这是20年前我们为他预备的，那个时候他拼命为信仰做见证。但他后来的表现证明他不一会工夫就冷淡退却了，所以只能拿一个次等的冠冕。"

不一会儿，天使换来一个次等的冠冕。它虽然没有头一个那么华丽，但也是非常漂亮。这个时候天使长又说了："还是拿错了，这是10年前为他预备的。那个时候的他还富有些许热情。不幸的是，之后世上的欲望和引诱迷住了他，使他成了一个不冷不热没有任何工作激情的人，再去换一个吧！”

于是天使们再换来了一个，上面一粒珠宝都没有，毫无光彩可言。

这位牧师惊醒过来，还好只是南柯一梦。从那时候起，他勤奋传道，热心传道事业，立志要讨上帝的喜悦，最后成了最热心的传道之人。

我们经常说的一句话是什么，恐怕就是“哀莫大于心死”吧！因为很多人说这世界上最可怕的破产，就是失去热忱。回顾过往的岁月，再看看现在的光景，你是不是也发现了这个规律：只有拥有了充足的热情，才能用十二分的热情面对我们即将要处理的事情，才能让心中的理想和抱负炽热如火。

热忱对于人类来讲就像是蒸汽机对火车头，因为热情是行动的主要推动力。如果你对手中的工作充满了热情，才会有充沛的精力去做任何事情。事实表明：人只有在精神饱满的状况下，才能做好工作。

这也就是为什么现在的教育学家提倡：要做好一件事情一定要先培养自己对这件事情的兴趣。因为提起了兴趣，才能有热情，有了热情事情才能做好。

热情真的是一股伟大的力量。如果你内心深处已经燃起了这样的“热情”之火，并能让它持续燃烧，那么不必等待多久，现在正阻挡在你成功路上的障碍将被它烧得灰飞烟灭。而且你会破天荒地发现：你拥有了许多你原以为自己没有的力量。

有人说热情是天生的，其实不尽然。热情其实是可以培养的，而且并非想象中那么复杂。并且，一旦你拥有了巨大的热情之后，再冰冷的冰都会被融化掉。

有一位杂志推销员来见现代成功学大师和励志书籍作家拿破仑·希尔。

一进门，这位推销员看了看拿破仑·希尔的书桌，发现桌子上摆了几本杂志，然后她又看看希尔的书架，惊呼道：“哦！我看得出来，你十分喜爱阅读书籍和各类杂志。”

拿破仑•希尔不由自主地放下了手中的文稿。在这个推销员进入书房时，拿破仑•希尔就早已经下定了决心，他绝不放下手中的文稿，借以有礼地向她暗示：我很忙，不希望受到你的打扰。

这位推销员不是傻子，她当然明白了目前的形势和主人的态度。但是她怀中抱着一大堆杂志，并没有离开也没有摊开杂志的倾向。

她不慌不忙地走到书架前，取出一本爱默生文集。在那之后的10分钟里，她用她不竭的热情不停地谈论爱默生的那篇名为《论报酬》的文章，说得津津有味。不知不觉中，拿破仑•希尔已经被动地接受了很多有关爱默生作品的新观念。

然后，她才开始问拿破仑•希尔，他定期收到的杂志有哪几种。最后，她把自己的杂志摊开来，并一一给他分析了这些杂志，又进一步说明拿破仑•希尔为什么应该每一种都要订一份。等到她要离开的时候，她已经签下了和拿破仑•希尔的订单。

从中，我们发现了这个推销员的绝妙之处，虽然那些准备学营销的人看到的是她的沟通技巧，但是我们更应该看到她的态度——充满热情。任何时候，就算是受到了希尔“你打扰了我”的冷漠暗示，她也采取一种积极的态度来进行接下来的推销。

俗话说：“不打笑脸人。”很多成功的推销员之所以能签下很多重要的单子，就在于他们对自己的工作付出了极大的热情。在他们的脑海中，对工作的热情可以藏匿那些客户的冷漠带来的不愉快，可以挽回客户拒绝时候的颜面尽失，可以慰藉心灵。

人是很奇怪的动物。只要心中有激情的时候，任何事情都能顺利拿下。就像《高兴》电影中的那个刘高兴。为了完成自己心目中“驾驶自己制造的飞机翱翔蓝天”的愿望，他积极地生活着，满怀热忱地做着自己的“春秋大梦”。而正是因为有了对坐飞机的热情，他才可以忍受城市的冷漠，忍受生活的窘迫，忍受所有的恶劣，目的只有一个，那就是从事自己的飞行事业。

即使那个时候，他身体受到创伤，心灵受到打击，他依然忘我地快乐着。因为，有热情，有梦想，他就能做到任何事情。

意志不给力，人生就会一团糟

一个人的意志力如何，也会在很大程度上影响他的生活状态。那么，意志力究竟会对一个人生活的哪些方面产生影响呢？心理学家为了研究这个问题的答案，在世界范围内进行了一项规模宏大的调查研究活动。接下来我们就从这项调查中寻找答案。

一项研究结果展现了个体意志力跟生活的高度相关性。该项研究在美国进行，实验的被试者是美国的1000名儿童。实验者在这1000名儿童刚出生时就开始追踪调查，测查他们的意志力。

测查被试者的意志力时，为了获得真实可靠的数据，实验者综合自己的观察、孩子的父母、教师的报告以及孩子自己的报告来评定孩子的意志力水平。并且，实验者每隔一段时间就会测量被试者的意志力水平，以及被试者其他方面的表现。比如，被试者的健康状况、抑郁水平、是否酗酒、经济状况、家庭状况等。

这项调查直至被试者32岁的时候才停止。这个时候，实验者手里已经掌握了一组非常庞大的数据，实验者通过对这些数据进行分析对比发现：意志力差的被试者，生活相对糟糕。

比如，在健康水平上，意志力弱的被试者身体比较糟糕，容易患肥胖症、传染性疾病，他们的牙齿也容易出现问题。实验者猜测，这是因为意志力差的人不愿坚持健康饮食，也不愿意坚持刷牙、保持口腔卫生。

在酗酒等问题上，意志力弱的被试者较易出现酗酒、吸毒等问题。

在经济状况土，意志力弱的被试者经济状况较差，工资较低，存款较少，而拥有自己的房子和养老金的比率也相对较低。

实验者对被试者的家庭状况进行调查时发现，相对于意志力强的被试者来说，意志力弱的被试者较难维持一段长期的婚姻关系，所以较易成为单独养育孩子的单亲父母。因此，意志力弱的被试者的家庭状况也相对较差。

更重要的是，意志力弱的人犯罪率较高。数据显示，意志力最弱的那一组和最强的那一组被试者在32岁之前犯过罪的比率分别是40%和12%。

当分析被试者抑郁状况数据的时候，实验者发现：被试者是否抑郁以及抑郁的程度，和其意志力水平没有关系。

从这项调查分析中，研究人员得出了以下结论：一个人的自制力与其生活高度相关，会对其生活的各个方面产生影响；自制力差的人，其生活相对糟糕一些。

从这份调查结果中可以很明显地看出，一个人的意志力会对他的生活产生多大的影响。所以，哈佛大学特别强调学生要努力提高自己的意志力。

其实，你只要仔细思考一下，就会发现，自制力体现在生活的各个方面。比如，在早上起床的时候，你有可能非常想继续睡下去，但你的意志力会让你选择准时起床，而不是继续睡下去；吃早饭的时候，你有可能在为吃什么而纠结，你有很多很多想吃的，但是你的体重不允许你吃那么多，于是意志力会让你选择只吃三明治，而不是把想吃的都买上一份；到了工作的时候，你有可能不想工作，想要玩玩游戏、上上网，但你还有无趣的工作要完成，于是你的意志力会让你选择坚持工作；而到了晚上该睡觉的时候，你有可能还想看电视，你的意志力这时又会让你选择准时睡觉，而不是继续看电视。

这些日常的大小选择都会涉及到你的意志力，假如你的意志力不够强大，就很容易服从于自己的各种欲望。这些屈服于欲望的选择让你的生活和工作变得一团糟：体重增加，工作任务无法按时完成，睡眠不足……

所以，无论是从实验结果，还是从生活事实来看，我们都可以发现：一个人的意志力会对他生活的各个方面产生影响，假如一个人的意志力很差，那么他的生活将会很糟糕。所以，如果你想要一种健康、规律的生活，那就要加强自己的意志力，加强对自身的控制。

第09辑

更新自己的思维，未来属于有头脑的人

笛卡尔说：我思故我在。我们要学会用自己的大脑思考，而不是人云亦云。只有自己思考的才是最独到的，最有说服力的。由头脑产生出智慧，由智慧创造的成功，由成功而获得的成就感，由成就感而获得的美好，在未来就会随之而来。

成功需要机会，机会只青睐有准备的人

机会一般少且不易抓牢，只有事先做好充分准备的人才可能通过努力在机会出现的时候捷“手”先登，没有做任何准备的人即使和机会撞个满怀，也只能眼睁睁地看着机会从眼前溜走。

鲁特并不是设计专家，相反他只是工厂里一位普通的制瓶工人，但是他对自己的工作认真且专注，他很用心地制作每一个瓶子，并仔细地观察每个瓶子的形状和质量。一次，他与女友约会时，发现女友穿的裙子非常漂亮。这件裙子腰部较窄，把女友的腰凸显得特别美妙，他简直看呆了。后来他想，如果能把玻璃瓶设计成女友裙子那种样子，一定会大受欢迎。这种瓶子不仅握在手里非常舒服，而且瓶子里面装满液体后看起来也比实际的分量多。

鲁特相信这种瓶子一定会很有市场，于是他申请了设计专利。一个偶然的机会，可口可乐公司的负责人发现了他设计出来的这种瓶子，就以600 万美元买下了这种瓶子的专利。鲁特也因此从一个穷工人摇身一变，成了一位百万富翁。

鲁特原本只是一个普通的工人，却因为一个瓶子而成了百万富翁，这对他来讲可以说是一种莫大的成功，可是如果在可口可乐公司寻找新的瓶子样式时他没有设计出那个瓶子，他又怎么可能实现如此完美的蜕变呢？

现实生活中的很多人每天也同鲁特一样做着普通的工作，可是不同的是他们往往只把这种工作当成谋生的手段，并不会投入自己的激情。可是成功是需要准备的，只有在平凡的工作中准备好了，才有可能抓住成功的机会，从而摆脱现状，否则只能在岁月的流逝中继续自己的平庸。

李宛育是“明强”计算机销售公司的老板，在他创业之初，他就曾对自己说：“只有做好充分的准备，才能克服路上所遇到的困难。”李宛育虽然没有读过大学，但他对计算机十分感兴趣，于是在一个朋友的介绍下他找到了一个销售计算机及配件的工作。

初入这一行，李宛育不仅对计算机一无所知，而且对销售也摸不着头脑，但他的勤奋好学却赢得了大家的赞赏。每当有顾客前来咨询时，他总是耐心地听其他同事的解说，并从中学习销售技巧。日积月累，他不仅学会了硬件方面的知识，还学会了一套推销技巧，并开始尝试着给顾客推销产品。可是，“看着容易做着难”，虽然很多东西他自己心里是清楚的，可就是讲不清楚，为此，李宛育辞去了这份计算机销售工作，进入一所大学的计算机信息技术与应用专业进行学习。他想通过进一步的学习，更全面地了解计算机知识。

毕业后，李宛育决定自己创业，他还拉了一帮同学和他一起干。既然决定要去开公司销售计算机零件，对计算机市场做一个全面的调查是很有必要的。于是李宛育几人开始徒步调查市场，从而了解整个行业。在调查中，他们发现现在的计算机市场已经相当完善，要想在众多企业中脱颖而出，就要提高自己的质量和服务。于是大家决定以后在这两个方面上多下工夫。准备工作做好之后，剩下的就是实施了。此时，有一个问题使李宛育他们犯了难：资金不足束缚了他们的脚步。据了解，一个计算机零件销售公司至少得准备7万多元的资金。他们刚走出校门，到哪去弄这么多钱呢？后来的调查让李宛育有了一个惊喜发现：原来好多计算机公司里的货物是由代理厂商出钱提供的，并不是公司自己花钱买的，公司只需要提供间房子就可以了。这就为他们节省了一大笔资金，李宛育对这个行业更加有信心了。他跟朋友商量先在工贸市场找一间门面房，让后再慢慢找一些零件的代理商。店面的问题解决了，紧接着就得找货源。对于刚毕业的他们来说，没有什么销售经验，因此很多货主都不愿同他们合作。他们无奈，就一家一家上门问，跟货主慢慢协商，宁愿放弃自己大部分利润。终于有两家店主被他们说动了，同意与他们合作。

计算机公司终于开张了，并且取得了一系列成功。李宛育的成功说明了一个道理，机会只垂青于有准备的人。如果当初他不放弃工作，进入学校学习专业知识，如果他们没有对市场做过详细的调查，即使有人愿意和他们合作，谁又能保证他们能够开创明强现在的局面呢？可以说李宛育的成功全在于他自己为自己创造了机会。

卡内基曾经说："机会是自己努力创造的，任何人都有机会，只是有些人善于做准备，因此他们可以更好地抓住机会，并达到自己的目的。"的确，机会可以说是很多人成功的跳板，只有踏上这个跳板并做好准备才有一飞冲天的机会。如果没有做好准备，即使机会来了成功也不一定会光顾。

脚能走多远取决于眼光能看多远

比尔·盖茨曾在总结自己的成功经验时表示：我的成功一言以蔽之就是我的眼光好。眼光的确是一个很独特的东西，有眼光是说一个人可以在别人看不到机会和成功的地方发现成功的契机。

曾经有 A、B 两个企业都想在某郊区投资房地产，并各派了专人前去调查那里的情况。结果 A 企业的人在考察之后，向公司报告说："那里人口稀少，房地产业发展机会渺茫，房子修好了也没有人来住。"而 B 企业的人在考察之后，向公司报告说："该地虽然人口稀少，但那里环境优雅，人们厌倦了城市的喧嚣，一定会喜欢在那里生活。"

后来果然不出 B 企业所料，随着城市包围农村，城里人越来越向往农村生活，尤其是一些农家乐，办得更是如火如荼。所以 B 企业的投资是明智的。

A企业之所以没能在郊区取得利润原因在于，它的工作人员只看到眼前事物的表象，却看不到未来可能出现的状况；而B企业的成功就在于它的员工高瞻远瞩，能够从表象里预见到未来。

有人说光知道展望未来，却不知脚踏实地地做眼前的事，那么眼光再好也只能过过眼瘾。事实上，脚踏实地和目光长远并不冲动，因为即使是目光长远也是需要建立在脚踏实地的基础上的，而脚踏实地的人也只有目光长远才可能更有发展前途。

1995年，联想香港公司出现了巨额亏损，作为上市公司，这对联想集团来讲可以说是一个很大的打击，可是联想集团的领导们没有因此而气馁，因为他们看到了中国将要启动的大陆市场，之后他们便开始朝着这个方向发展，结果不到一年时间，联想集团重获新生。

试想，如果联想的领导们没有看到中国大陆这片广阔且潜力巨大的市场，光在香港那样一个空间、资源、市场有限的地方继续打拼，那么他们能够这么快地化解这种危机吗？这很令人怀疑。所以说，眼睛看到哪里，脚步才能走到哪里，如果眼里什么都看不到，那么前途就可能一片灰暗了。

早在2001年，沃尔玛的年度收入就达到了2189亿，超过美国石油巨头埃克森公司，一跃成为全球500强之首。然而，就是这样一个成功的企业在十几年前还只是一家零售业公司。

沃尔玛的创始人萨姆·沃尔顿出身贫寒，只能靠四处打工筹措学费和生活费，因此萨姆·沃尔顿很小就养成了节俭的习惯。

生活的艰辛让小萨姆学会了珍惜每一分钱，每当需要生活或是学习用品时他都尽量去买便宜一些的，因为他幼小的心里早早就明白了，当人拿着钱去购物时，每个人都想要买到相对便宜的东西，哪怕是多走一些路，多费一些周折。

正是因为萨姆很早就发现了低价的优势，所以沃尔玛在刚开始起步时就推出了平价策略。萨姆·沃尔顿在第一家沃尔玛店开业的时候，还打出了“天天低价，始终如一”的口号。沃尔玛的这种平价包含两重意思：一是为顾客提供“价格最低，品质超群”的商品；二是为顾客提供“超值的服务”。

也正因为沃尔玛的这种“天天低价”的理念，很多顾客真如萨姆所认为的那样，不惜多费周折，避近就远地选择了到沃尔玛购物。

不仅如此，萨姆在很小的时候还认识到，越是经济条件差一点的人群越喜欢低价，越希望用有限的钱，购买到更多的物品，所以萨姆·沃尔顿总是选择在经济相对差一些的地区开设超级市场，并把发展的重点放在城市的外围，然后再向外扩展。萨姆的这一策略可以说取得了空前的成功。

从沃尔玛的成功中我们不难看出，有时候成功的重要因素在于眼光，试想如果萨姆·沃尔顿没有高瞻远瞩的意识，没有长远的目光，沃尔玛就不可能在激烈的市场竞争中击败众多对手，取得成功。

所以，真理从来都是最朴实的，成功的密码从来也都是尽人皆知的，只是很多时候很多人把这些再简单不过的东西给忽略了，他们把事情想得太过复杂，所以即使他们占有成功的资源，他们自己也可能不知道。这就是眼光的问题，所以每一个想要成功的人都应该留心、留意发生在自己身边的所有事，这才能够帮助自己认识更多的问题，从而拥有长远的眼光。

死拼盲打不靠谱，多听听别人的意见

我们很容易相信那句“走自己的路，让别人说去”的名言。然而，很多人正是因为太相信这句话而吃尽苦头。走自己的路当然没错，但如果能够多听一听别人的意见，尽量少走弯路不是更好吗？

俗话说“一处不到一处迷”，很多问题不是仅凭自己的想当然就能解决，一定要去见识一番才能了解情况。如果全靠自己去闯，受伤的机会就比较多了，因为你无法预料那个陌生的地方有没有陷阱荆棘，有没有毒虫猛兽。若是向过来人问一问，安全系数就大大提高了。当然，你不能像小马过河那样，全听他人意见，应该结合自己的实际情况亲自实践一下。

李强是一个刚出道的年轻人，因为学了几年服装设计，于是想自己创业，开一家服装店。他的家人知道了他这个创业计划后，劝他说：“你舅舅以前做过好多年的服装生意，虽然现在不做了，他有很多关于服装生意的经验，你最好先去请教你舅舅。”

李强心想，舅舅做生意都是几年前的事了，他那点老经验拿到网络时代来用，只怕已过时得太久了。他决定按自己的思路做事。

李强在街面上租了一个门面，门面的周围没有服装店，只有几家面点店和百货商店。在他看来，这里开服装店，没有竞争对手，生意会更好做。但是出乎李强的意料，开业后，他的服装店生意一直不景气，就这样一直支撑了半年，他把仅有的一点积蓄也花完了。正在犹豫时，母亲替他请来舅舅，帮忙找找生意做不下去的原因。舅舅来到店铺一看就说：“你这地方‘风水不好’，就你一家开服装店，很难招揽到客人。”

李强听完了舅舅的解释，觉得很有道理，于是接受了舅舅的意见，换了一个地方重新开了一家服装店。后来，他在舅舅的指点下，新开服装店的生意做得很不错，现在已扩大成服装超市了。

或许，我们经常听到别人的忠告，自己也常常对别人提出忠告。然而，当人们给予自己建议或忠告时，是仔细聆听其是否有理，还是认为人们故意找自己麻烦呢？看清别人的意见是否切实可行，对于我们而言是最宝贵的一笔财富。

不要褊狭地看待别人给出的意见，我们需要的是有鉴别地听取别人的建议，并根据实际情况灵活运用这些建议。

走自己的路当然没错，但如果能够多听一听别人的意见，尽量少走弯路不是更好吗？况且听一听，并不会让我们有任何的损失，或许我们真的能从这些建议中，找出自己的缺失、调整自己的步伐，让我们能够不断从失败的教训中，获得最完整的经验累积，找到最便捷的通道，走出人生的困境，从而获得成功。

运用头脑致富，智慧改变命运

人们常说“知识改变命运”，但是鲁迅却认为“智慧改变命运”。虽然仅仅只是一个词汇的差异，但表达出来的内涵却有着天壤之别。知识是我们对这个世界的认识，是我们经验的浓缩，是我们所掌握的技能，而智慧则是在知识基础之上的一种升华，是一套正确的思维方式。知识只有在智慧的统帅之下，才能发挥出自身最大的效用。如果没有智慧掌舵，知识只能是一盘散沙。

智慧，也即我们通常所说的头脑，反映出了一个人对这个世界的认知能力。一个有头脑的人，不但可以在竞争激烈的社会中找到一席之地，也能在新事物刚刚出现时预见到它的发展前景。总之，一个有头脑的人总是可以找到属于自己的致富之路。苹果电脑的创始人乔布斯之所以在电脑行业占有重要的地位，正是由于他具有极大的智慧和灵敏的头脑。

乔布斯出生于1955年。在年纪尚幼时，他就表现出了智力上的天赋。之后，他以优异的成绩考入了大学，但是因为经济的原因，他不得不选择退学。当时，乔布斯仅仅19岁。

退学后，乔布斯在雅达利电视游戏机械制造公司找到了一份工作，但是，他的志向并不在此。当时，微电脑刚问世不久，人们对这个新生的事物十分好奇，乔布斯也不例外。经过认真的思考，乔布斯认为个人电脑行业将会成为未来最有发展前景的行业。于是，他决定凭借之前在学校习得的知识，在个人电脑事业上大干一场。

乔布斯把自己的想法告诉了好朋友瓦兹尼亚克。瓦兹尼亚克和乔布斯一样，也是因为经济上的原因放弃了自己的音乐事业。听到乔布斯的想法后，他十分赞同。于是，两个人就着手准备。

利用仅有的25美元，乔布斯和瓦兹尼亚克试装出了一台单板微电脑。在这台电脑和电视机相连时，便可以在电视屏幕上显示出一些简单的文字和图形来。他们为自己的这一成果感到兴奋，于是，他们试着制作了一小批公开地出售。结果，他们的电脑十分受欢迎，一家电脑商店竟一次向他们订购了350台。

此次的成功让乔布斯更加确信自己之前对个人电脑发展前景的预判是正确的。于是，他们成立了自己的公司——苹果电脑公司。最初，这家公司只有乔布斯和瓦兹尼亚克两个人，他们不得不同时身兼多职。这让乔布斯意识到，如果要扩大公司的规模，必须广纳贤才。而对于公司最初的发展形势来说，他们迫切需要的是推销人才。于是，乔布斯积极邀请之前认识的推销高手麦库拉加盟自己的公司。经过自己一番执着的邀请，麦库拉终于同意入职苹果电脑公司，并拿出25万美元作为自己的投资。

就这样，苹果电脑公司开始步入快速发展时期，最终成为个人电脑行业的翘楚。

乔布斯利用自己的智慧，利用自己的头脑为我们带来了财富的神话。其实，在科技领域，这样的神话每天都在发生。正是一些人通过自己的智慧发现了创造财富的路径，进而通过自己的知识去打通这个路径，我们才能每天感受到这种神话的魅力与诱惑力。如果以知识而论的话，这些创业者或许并不是最优秀的，但是，他们却有着其他人无法具备的财富头脑。这样的头脑虽然不是与生俱来的，但却是他们在后天的学习中勤于思考、坚持己见中获得的。

财富的头脑需要智慧，这要求我们不仅仅要学好书本中的知识，更要将其运用在实践中，通过实践来加以检验。财富的头脑需要智慧，还要求我们不能仅仅将眼光放在书本上，更要花费精力来开拓自己的视野。所谓

“世事洞明皆学问”。对于社会发展的趋势，科技中出现的新的发展趋向，我们都要时刻加以关注。如此之后，综合自己的知识，运用自己的头脑，根据自己的智慧做出正确的判断。唯有如此，我们才能充分地利用自己的知识，合理利用自己的智慧，进而运用自己的头脑获得属于自己的财富。

世界不停变化，不盲目跟随经验

欧洲工商管理学院的森古普塔副教授和沃森霍夫教授通过对管理人员的研究，提出了一个重要的概念，即“经验陷阱”。森古普塔说：“大多数人都认为，一个人经历越丰富，他的经验就越充足，做起事情来就越能收到事半功倍的效果。但是，在研究中我们发现，事情往往并没有这么简单，很多时候都是与传统的观点相违背。”

在做这项研究时，森古普塔和沃森霍夫设计了一个仿真环境来模拟真实的项目实施进程。在这一模拟进程中，管理者必须就与项目有关的各种问题做出决策。项目结束后，管理者会得到相应的反馈报告，以便了解所做决策的合理性。然而，在他们了解了自己在决策中所产生的错误时，他们依然不能在下一次相同的测试中加以规避。

通过多次反复地实验，两位教授认为，在许多复杂的大型项目中，管理者往往会过分依赖于经验，这不仅对新项目的开展没有裨益，还可能收到适得其反的效果。不仅如此，管理者还有可能在错误经验的指引下，设定出不切实际的项目目标，或是被过多过杂的信息所误导。

沃森霍夫教授说：“面对复杂的项目，管理者做出决策的效果很难马上得到体现与反馈。因此，这些管理者只得依赖旧有的经验，而忘记了审时度势。这样，只会使项目变得更加复杂。”沃森霍夫谈到：“在新环境下，我们必须懂得去质疑旧经验，探索新方法。”

森古普塔副教授说：“管理者的有些经验并不正确，但是他们却毫不知晓，而是一而再，再而三地将这些经验运用在所有的项目之中。这种做法，从根本上必然取得相反的效果。”

“有时候，管理者的经验误区是根深蒂固的，”沃森霍夫指出，“这就需要去帮助他们剔除这些陈旧的经验，为他们提供工具去避免类似的错误。”

正如沃森霍夫教授所说，要想剔除陈旧的经验，必须找到相应的工具。那么这些工具是什么呢？这里，很重要的一个就是要时刻具备这样一个观点：充分地认识到经验不是万能的，是有弊端的，不能够过分地迷信经验。

美国教育家杜威曾谈到，经验是一个完整的，或者说是多位一体的概念，它并不是如同我们日常生活中所理解的那样，只是对过去生活的一种总结性的认知。在杜威的理解中，经验不仅包括我们如何处理所遭遇的问题，还包括那些为解决问题而采取任何手段的个人。因此，对于杜威来说，经验不仅指人们如何做，还指人们如何去思考，如何去接受。也就是说，经验既指人们播种土地，认识日夜的变迁、四季的变化，以及人们观察、恐惧、期望的东西；它还指那些实实在在发出这些行为的个人。在杜威眼中，经验是“双义的”，是一个完整的、不可分割的整体。主体与客体、行动与对象都被紧密地包裹在这一整体中，不容分割。

由此，我们可以知道，经验是在人与环境的共同作用下产生的，经验离不开人与环境。也就是说，经验对于不同的人或者对于不同的环境都将面临一个是否适用的问题。时移世易，经验的作用也将因此而受到极大的制约。因此，在做一件事情时，我们必须审时度势，做出正确的判断，而不能盲目地跟随经验。

传说在沙漠的深处有一座埋藏着无数珍宝的古城，但是通往古城的道路像是一座迷宫，人很容易迷失在里面。

一个人决定凭借自己的勇气去获取这些宝藏。为了不致于迷失归途，他在自己走过的路上都留下了十分明显的标记。经历艰险，那个人终于看到了隐约闪现的古城。于是，他马上奔向了城门，结果在城门口被布设的机关所害。

之后，寻宝的人络绎不绝。他们发现了这个人留下的路标，都顺利地找到了古城。但是，也因为太过于跟随他的脚步，而最终倒在了城门口。

但是，有一个人最终获得了这些丰厚的宝藏。这个人依然是跟随着前人的脚步走到了古城前。可是，当他看到古城门前的累累白骨时，他并没有急于进城。通过分析，他认为，城门口有那么多的骸骨，其中必定有机关埋伏，必须另外再找一条进城的道路。就这样，这位睿智的人保住了自己的性命，得到了这笔宝藏。

中国伟大的教育家孔子曾经说过：“暴虎冯河，死而无悔者，吾不与也。必也临事而惧，好谋而成者也。”这是说，对于那些有勇无谋的人，我们是不能跟他们合作的。如果要与别人合作的话，也要找那些临事感到特别紧张、害怕的人。因为只有这些人才能认真地对待所要做的事情，所以也只有他们才能找到解决事情的最好方法。虽然这句话用来解释上面的故事并不恰当，但是这句话中所透露的意思与故事中所要表达的意思是相符的。那就是，不管做什么事，我们都要审时度势，用一颗敬畏的心认真地对待。唯有如此，我们才不至于使自己陷入懈怠之中，从而使自己囿于旧经验、旧思维的藩篱中，做出看似正确，其实错误的举动。每个经验都会有它的弊端，对此我们要有一个清醒的认识。

有创新思想的人，未来很容易成功

创新是一个人最有价值的优势。当今的社会是一个信息的社会，起决定作用的是一个人资源丰富的大脑。在社会中，如果你想让自己跟上时代的步伐，创新便是你赖以成功的优势。

对许多成功者进行考察后发现，他们都存在着一个显著特征：遇事头脑冷静，面对问题思维灵活、解决问题机动多变，总是能找到多种方案，而不是一味地钻牛角尖。也就是说，这些成功者之所以能闯出一片天地，就在于他们惯于充分培养、发挥自己思维的创新能力。所以，马云曾这样说："什么才是一个人成功的优势？一切优势的获得和保持，往往建立在创新的基础上，所以，人最好的优势就是懂得创新。"

威廉在英国的大英图书馆当馆员，馆员的收入不高，再加上家里很穷，所以，尽管威廉头脑灵活，做事勤奋，但还是一无所有。

这一年，让他发财的机会来了。

大英图书馆由于年久失修不能再藏书了，选了新址兴建了一个新图书馆。

启用新馆时，馆长犯了难，因为要想把老馆的图书运到新馆，搬运公司需要350万英镑的运费，图书馆哪有那么多钱呢？

威廉得知这个消息后，就找到馆长说："馆长大人，完成这项工作，馆里还差多少钱？"

馆长说："我们只有150万英镑，还差200万英镑。"

"我倒有一个主意，150万英镑足够搬家了。"威廉说。

"什么主意呀，快说出来？"馆长很着急地问。

威廉说："说出我的好主意是有一个条件的。"

"什么条件，说说看？"馆长更着急了。

"我就用这150万英镑搬家，假如有剩余，就把剩余的钱给我。"

"这个不是什么问题，只要用150万英镑把书运到新馆，剩余多少钱都是你的。"馆长坚定地说。

"你要是同意的话，我们就签订个合同。"威廉知道自己将发财的机会抓到手了。

合同签订好了以后，威廉真的把图书馆给搬了，连50万英镑都没花完。

原来，威廉在报纸上刊登了一条惊人的消息：

"从今日起，大英图书馆的图书可以免费、无限量向市民借阅，但必须在规定的时间内还到新馆去。”

就这样，威廉轻松地赚了100万英镑。威廉用赚来的100万英镑投资了电信业，据说，现在他的后辈是英国电信的大股东之一。

威廉本是一无所有，只是一个创意，就让他有了投资的优势。有时候，再难的问题也能找到解决办法，只不过是要开动自己的脑筋，这样，一切问题都不再是问题。很多时候，你可能一无所有，但只要你有创意，你就会无所不有。

乔治•贝朗出生在法国巴黎一个贫困的农民家庭。13岁那年他独自一人外出打工谋生。没有一个工厂敢雇佣他，因为他年龄太小了。在外流浪几年后，他来到一个贵族家庭，苦苦哀求贵夫人留下他，最后他在厨房里做了一个勤杂工。杀鸡、杀鱼、拖地、扫厕所，他要完成所有脏活累活。他每天至少要工作12个小时，但工资连一只鸡都买不到，他感到相当的满足。他一直都省吃俭用，把辛苦赚来的钱攒起来，用于维持贫困的家庭。

这样贫苦的日子也没有维持多久。一天半夜，乔治睡得正香，外面传来一阵急促的敲门声。原来第二天一早贵夫人要去赴一个约会，叫乔治把她的衣服拿去熨一下。由于没休息好，实在太困了，一不小心把煤油灯打翻，更恐怖的是油滴到了衣服上。

这下乔治被彻底吓傻了，他想这件昂贵的衣服估计打一年工都赔不起。贵夫人坚决要求他白打一年工作为赔偿！乔治相当懊恼，他给贵夫人白打一年工后，也得到了那件昂贵的衣服。

他想如果把这件衣服送给母亲穿，她一定会相当高兴。但他知道如果母亲知道这件事情一定会相当的伤心。因而，他把那件衣服作为对自己不再犯错的警示挂在窗前。

有一天，他突然发现挂在窗前的那件衣服，被煤油浸过的地方不但没有脏，反而把原来的污渍清除了。经过许多次反复的试验，乔治在煤油里加入一些化学原料，通过不懈的努力，干洗剂被他研究出来。

过了一年，乔治离开了这里，准备把他的发明应用到实际中，于是就开了世界上第一家干洗店。

乔治的生意相当红火，短短几年时间他就成为了世人瞩目的干洗大王。现在，他的干洗店分店遍布世界各个角落，在享受干洗剂带来的好处的同时，人们也记住了他的名字——乔治·贝朗。

乔治的经历向我们展示了一个显而易见的道理：创新是一个人成功的优势，要想成为成功的人，必须具有创新思维。但很可惜的是，像乔治这样勇于创新、主动求变的人却并不多见。

思维决定命运，人生的价值常常体现在创意中。一个人有什么样的思想，就会有什么样的行动；有什么样的行动，就会得到什么样的结果，有什么样的结果，就会有什么样的命运。比尔·盖茨有一句名言："我的企业离破产只有12个月。"他解释说，如果他没有创新进步，一年后微软就不复存在了。可见，创新不仅是一个人的优势，也是维持事业的根本。

一家调查公司的调查显示，必须具备的人才特征是：能标新立异、乐于面对工作的挑战和对知识的不断更新增值……很多时候，是因为与众不同才成功，不是成功后才与众不同。

第10辑

扫除前进的阻碍，让你的路越走越宽广

“成功路上多纷扰”，影响一个人成功的因素太多，尤其是负面因素，它们就像布满在成功路上的荆棘，刺痛着你前进的脚掌，而你想要在成功的大道上，走得更快、更远，首先就要学会铲除这些荆棘的技能，只有前进的道路平坦了，远方也就不再遥远了。那么，怎样扫除这些“荆棘”，让你的路越走越宽广呢？

在原地后悔，就是在浪费你的生命

一失足成千古恨，如果永远停留在失足后的痛苦中为失败默哀的话，之后的人生应该怎么办，时间还在流逝，你要做的就是吸取经验教训，避免类似的失败再重复。原地后悔，只能把大量剩余的生命浪费掉，一定要敢于面对失败，因为以后的人生还需要你自己去谱写。

人的一生，难免会犯很多错误，但是不要为自己做过的错事后悔，不要为已经发生的事耿耿于怀，有些事过去了就让它过去，再去计较只会影响你的情绪，阻碍你奔向成功的脚步。

在纽约市一所中学里，保罗博士曾给他的学生上过一堂难忘的课。

这个班大部分学生为以前的成绩感到不安。他们总是在交完考卷后充满了忧虑，担心自己的成绩和上次差不多或者不能及格，以致影响了下一阶段的学习。

一天，保罗在实验室里讲课，他先把一瓶牛奶放在桌上之后，就沉默不语。学生们不明白这瓶牛奶与所学的课程有什么关系，只是静静地坐着，看着老师。

保罗忽然站了起来，制造了似乎在不经意间把那瓶牛奶打翻在水槽中的景象，在同学的惊讶中，看着水槽，然后抬起头看着同学们，大声喊了一句："不要为打翻的牛奶哭泣！"然后他叫学生们围拢到水槽前仔细看一看："我希望你们永远记住这个道理，牛奶已经淌光了，不论你怎样后悔和抱怨，都没有办法取回一滴。要是事先想一想，加以预防，那瓶奶还可以保住，可是现在晚了，我们现在所能做到的，就是把它忘记，然后注意下一件事。"

“不要为打翻的牛奶哭泣”，这是多么有哲理的话啊！我们知道，过去的已经成为了过去，不可能再继续它的未来，但是我们的未来还在继续。

黄河一去不复返，不可逆转。执着于过去，为过去哀伤，为过去遗憾，除了劳心费神，分散精力，还让我们的大好光阴沉淀在原地后悔上，岂不是在浪费生命吗？

人生没有草稿，不能彩排。没办法重新开始，不能二次改写。站在原地后悔，是没有任何意义的，我们面对的只有前方。要想发挥自己的潜能，取得事业的成功，就必须勇于忘却过去的不幸，重新开始新的生活。正如莎士比亚所说的：聪明人永远不会坐在那里为他们的损失哀叹，却情愿去寻找办法来弥补他们的损失。

罗森在一家夜总会里吹雅克萨，收入并不高，然而，却总是很高兴，对什么事都持乐观的态度。他常说：“太阳落了，还会升起来，也会落下去，这就是生活。”

罗森很喜欢车，但是凭他微薄的收入是不可能买车的。和朋友在一起的时候，他总是说：“要是有一部车该多好啊！”眼中充满了无限向往。有人逗他说：“你去买彩票吧，中了奖就有车了！”

于是他买了一张彩票，花了两元钱。可能是上天眷顾他，罗森果真中了个大奖。

罗林终于如愿以偿，他用奖金买了一辆车，整天开着车兜风，夜总会也去得少了，人们经常看见他吹着口哨在林荫道上行驶，车也总是擦得一尘不染的。

然而有一天，罗森把车停在楼下，半小时后下楼时，发现车被盗了。

朋友们知道这个消息，想到他爱车如命，几万元钱的车没了，都担心他受不了这个打击，便相约来安慰他说：“罗森，车丢了，你千万不要伤心啊！”

罗森大笑起来，说道：“嘿，我为什么要伤心啊？”朋友们疑惑地互相望着。

“如果你们谁不小心丢了两元钱，你们会伤心吗？”罗森接着说。

“当然不会！”

“是啊，我丢的就是两元钱啊！”罗森微笑道。

我们从罗森的身上看到了乐观的心态，丢车后没有怨恨，反而显得很轻松，因为他看重的是汽车带来的快乐，而不是把思想集中在丢车的事件上。在罗森的眼中，汽车是用两元钱买的，丢了也只不过就是两元钱。

我们不能站在原来的地方看待已经不存在的事物，对着现在的空气缅怀过去的天气，只能浪费现有的资源，进而浪费生命。

后悔就是拿自己的错误来惩罚自己，何必呢！当生活中发生了不快的事无法逆转时，不妨将其忽略，或者换一个角度来看待它，才能不为过去所牵绊。

生活原本很沉重，成功路上多坎坷，我们不能总是用现在的眼光看曾经的错误。过去是对昨天的祭奠，我们要把握住现在，走向未来。只有抛开过去，不在原地踏步、懊恼后悔，才能最快抵达成功的彼岸！

不断倒掉鞋里的沙子，才能走得更远

伏尔泰说：“使人疲惫的不是远方的高山，而是鞋子里的一粒沙子。在人生的道路上，我们很有必要学会随时倒出鞋子里的那粒沙子。”的确，我们不得不承认，沙子虽小，却很磨人；问题虽小，却会影响全局。

我们在前行的路上，往往容易忽略一些“琐事”，这些事看起来很琐碎，却关乎“痛痒”。很多时候，失败并不在于我们遇到的困难有多大，而是我们没有解决问题有多小。

相信那个“倒掉鞋里的沙子”的禅理故事大家都耳熟能详，这其实并不仅仅是在禅理中才有的故事，生活就有活生生的实例。

在一次越野赛中，选手甲原本遥遥领先，可当他走过一片沙滩时，鞋子里灌满了沙子，于是他匆匆脱下鞋子，胡乱地把沙子倒出，继续前行。可是有一粒沙子还留在他的鞋里，他没有发现。在接下来的路程中，那粒沙子不断地磨着他的脚，并渐渐嵌入他的脚底，使他每走一步，疼一下。刚开始他并没有在意，心里想的是：等到终点再把沙子倒出来。终于，在离目的地不远的地方，锥心刺骨的疼痛使他不得不停止脚步，放弃比赛。

一粒沙子让一场必胜的比赛转胜为败，这不能不让我们深思：我们在生活、事业中往往无视一些小问题，认为是细枝末节无关紧要，有更重要的事在后头，于是“跳过它”大踏步前进，殊不知在整个后续路途中，由于没解决好之前的小问题，导致行程步伐变慢、行动力受阻。所以很多时候在我们还没弄清楚怎么回事的时候，就已经开始觉得举步维艰了；而当我们费尽千辛万苦找出原因时，可能已经为时已晚。

一粒“沙子”为什么会导致失败？因为它“卡”在关键的地方，虽不能立刻凸显出致命的危害来，却能分散你的心力让你疲惫不堪。

在军事上，持久战有时比闪电战更可怕，因为它能不费吹灰之力（只需时间）就能将对手打败。在事业中，一些小问题往往最耗精力，如果没有一次性解决，接下来就会麻烦不断。所以在通往成功的道路上，我们要学会时刻“倒掉鞋里的沙子”，不要因为一些小事或是不必要的负担而影响赶路的进程，看过 80 后亿万富豪查哈尔的致富过程后，或许很多人会对这个道理的理解更加深刻。

当大多数年轻人在为生活、为实现自我价值而努力奔波，被房贷、车贷压得透不过气，为梦想与现实的距离而茫然、苦恼时，不足 30 岁的查哈尔已经成为身价 3.4 亿美元的世界上最年轻的亿万富豪之一了。

小时候，查哈尔也像所有的男孩子一样崇拜并喜欢模仿自己的父亲，他的父亲是一个对万事都比较敢兴趣而且乐于行动的人，在这一点上查哈尔像极了他的父亲。16 岁那年查哈尔开始效仿一些企业成功案例，在自己的卧室中创立了一家互联网广告公司。

公司成立之后，收益还算可观，为此查哈尔非常渴望自己能够有充足的时间来经营这家公司，可是他才刚刚 17 岁，他的学业还没有完成，但这对查哈尔来讲已经不那么重要了，和自主创业相比，学习的漫长过程成为阻碍查哈尔发展的障碍，为此他自主退学了。之后，他开始经营自己的公司，他的第一个客户是搜信公司。

搜信是一家类似谷歌的搜索引擎，当时该公司正设法增加网站的流量。为此，查哈尔满怀信心地向搜信 CEO 保证："如果你给我一个 30 万美元的订单，我可以按照 1 个点击 1 美元的价格替你增加流量。"之后，查哈尔做到了，当然他也成功地获得了 30 万美元的支票。两年后，查哈尔的公司扩充到 34 人。为此查哈尔不得不抽出时间去管理公司，这就大大缩短了他发现其他赢利点的时间，为了摆脱公司发展给他带来的负担，2000 年，查哈尔以 4000 万美元的价格把自己的公司卖给了一家网络广告公司。

将公司卖出后，查哈尔并没有全身而退，相反他选择了在这家公司打工，担任高层管理者。18 个月后，这家公司在纳斯达克上市，查哈尔也因此成为纳斯达克上市公司中最年轻的高管。

在谈到自己的第一家公司时，查哈尔曾说："这无疑是一个正确的选择，它使我收获颇多。假如我不这样做，我不可能获得现在的成功。"

在这家公司效力了一段时间后，22 岁的查哈尔与亚当斯街投资公司和三一风险投资合作创办了自己的第二家网络广告公司——蓝锂。蓝锂最初成立时拥有 120 名员工，公司主要通过跟踪消费者的网络行为，对网民的访问习惯进行跟踪、分析，从而为广告客户提供更具针对性的广告宣传。

在查哈尔的领导下，蓝锂连续 3 年被评为美国 100 强民营企业之一，在蓝锂成立 3 年半后，已经发展成了拥有 1000 个网站、1200 名员工的公司。蓝锂的市场份额和发展潜质很快被雅虎看好，而查哈尔同时也看到了企业做得越大负担就会越沉重，如果自己继续做下去，首先不管公司赢利多少，自己在各个方面都必定是被动的，为此在2007年10月15日，查哈尔欣然将公司以3亿美元的价格卖给雅虎。

一而再地放弃自己创办的公司，这对别人来讲或是很难做出决定的选择，可是查哈尔却做到了，也正是因为他在每一次的小有成就后都能成功地卸下身上的重担，总是能够轻装上阵，总是能够轻松自如地选择自己想要做的事情。

有位企业家说过一句话：放过一个小问题，你可能会面临千百个小问题。这句话的含义和上述故事的寓意异曲同工，都是在告诉人们，一个被忽视的“小问题”可能会耗尽所有的“资本”。

毋庸置疑，成功路上总会有许多坑坑洼洼，一不小心人们就会掉进坑里，大坑能让人摔跤，小坑减缓人的速度，甚至可能改变整个成功格局。这些“坑洼”就如同掉进鞋里的一粒粒沙子。走路时，鞋里掉进沙子是常有的事。感到沙子硌脚了，就应该立即停下来，脱掉鞋子将沙子倒出来。倒沙子的过程实际上是为自己扫清前进障碍的过程，因为只有这样才能轻装上阵，走得更顺、更远！

经验能够提供智慧也会禁锢思想

不能否定，经验是前人智慧的精华，是前人为我们留下的宝贵财富，但是古人有句话说得很好，“尽信书不如无书”，的确，经验和智慧固然重要，但是如果尽信经验，我们就可能被经验禁锢住思想。

经验是把双刃剑，一方面它给我们提供参考的方法，另一方面它会桎梏我们的思想。善于把握成功机会的人，一定是那些善于借鉴经验而不会照搬经验的人。我们知道经验是死的，人是活的。做同样一件事，由于环境以及时机的改变，上次的经验可能这次不能用，或者是不能全用。凭经验和感觉做事，是一件很危险的事。

有位心理学家说：我们之所以会麻痹，是因为我们习惯于依赖感觉。这里的感觉其实就是做事的经验，经验在无形中让我们产生一种依赖的感觉，进而导致我们在遇到新的情况时，总是在潜意识里认为它会向我们曾经遇到过的情况发展，从而致使我们不再去想可能从未发生过的状况，最终遇到突发状况措手不及。

从前，有个商人在镇上买了很多盐。他把盐装进袋子里，然后把袋子放在驴的背上。

商人急于赶路，于是不停地催促着驴子。可能是盐袋太重，驴子走得很不情愿的样子。

后来走到了一条河边。在渡河时，驴子东倒西歪地跌到了河里。盐袋里的盐被水溶掉了一部分。

商人自然是发着牢骚，直骂“蠢驴”。可是驴子却因此而高兴，因为感觉轻松多了。

“这是个好办法，嗯！把它记牢，下次就可以照这样来减轻重量了。”

驴子尝到甜头，沾沾自喜。

第二天，商人又带着驴子到镇上去。这一次买的不是盐，而是棉花。棉花在驴背上堆得像座小山。

“走吧！回家！今天的行李体积虽大，可是并不重。”商人对驴子说，并拉动了缰绳。

驴子却装出一副很重的样子，慢吞吞地走着。不久又来到河边，驴子想到昨天的事情。

于是，驴子又在昨天的地方故意跌倒。

“顺利极啦！”驴子心里想着。

可就在驴子想站起来时，却怎么也站不起来，因为棉花浸水之后，重量成倍增加。驴子使尽全身力气，险些被淹死。

通过这个故事，我们不难明白一个道理：经验不是什么时候都能靠得住的，照搬经验来做事是行不通的。我们只有在吸取原有经验的基础上，获得更多的智慧，用这些智慧来指导我们的创造性思维，我们才可以突破思维被禁锢的樊篱，才能想出众人所想不出的妙招，才能做到出奇制胜。

因为只有用创造性思维来考虑事情，我们才能够畅想一切事物，才能在前人智慧的基础上超越前人，从而做一个开辟者，而非一个沿着别人开创的道路赶路的人。

两个青年一同开山，一个把石块儿砸成石子运到建筑工地卖给建房子的人，因为在他看来，人们通常都会把石头砸成石子建房子，所以他也这么做了；而另外一个则将未切割的大石头运到码头，卖给各地的花鸟商人，因为这里的石头总是奇形怪状。他认为大家都去做的事肯定利益也是平平的，所以他不能再走寻常路。

三年后，卖怪石的青年成了村里第一个盖起瓦房的人。

后来，政府下令禁止开山，而用种树来代替，大家都知道这里的土质适合种梨树，于是人们开始在山上种梨树。到了秋天，漫山遍野的果实招来了八方商客。他们把堆积如山的梨子成筐成筐地运往北京、上海，然后再发往韩国和日本，因为这儿的梨汁浓肉脆，香甜无比。就在村上的人为梨带来的小康日子欢呼雀跃时，曾卖过怪石的人做出了惊人的决定：卖掉果树，开始种柳。因为他发现，再种梨树，梨的价钱就会下跌，相反来这儿的客商更愁的是买不到盛梨的筐。

五年后，他成为第一个在城里买房的人。

再后来，政府在山边修了一条铁路，整个小村也对外开放，就在一些村民开始集资办厂的时候，卖怪石的人在自己的地头砌了一道三米高百米长的墙。这道墙面向铁路，背依翠柳，两旁是一望无际的万亩梨园。每年春天坐火车经过这里的人，在欣赏盛开的梨花时，会醒目地看到四个大字：百事可乐。据说这是六百里山川中惟一的一个广告，而他仅凭这道墙，每年又有 4 万元的额外收入。

后来日本一家公司来华考察，当他们听到这个人的故事后，决定寻找此人。当他们找到他时，他正在自己的店门口与对门的店主吵架。原来，他店里的西装标价 1800 元一套，对门就把同样的西装标价 1750 元；他标 1750 元，对门就标 1700 元。一个月下来，他仅卖出 8 套，而对门商店一下子发出了 800 套。

日商见状，对他失望不已。但瞬间又惊喜万分，决定以百万年薪聘请他。因为后来日商得知，对面那家店也是他的。

看过上述这个人的经历，我们是不是应该思考一个问题，仅仅一念之差而结果去相差万里。依照前人的经验做事我们可以少走弯路，可是直路上的人太多了，我们只有避开现有经验用创新的眼光看问题，才能另辟奇径。否则我们不仅可能会被经验束缚，还可能会陷在经验的泥沼里走不出来。我们不妨再来看个小故事：

动物园里有一头大象。大象还很小的时候，就被管理员用一根绳子拴住了。那时，小象向往着森林里无拘无束的生活，它拼命地挣扎，但它的力气还很小，脖子鲜血淋漓也没能够挣断绳子，于是就放弃了。小象在动物园里慢慢长大了。后来，动物园里发生了一场大火，这头大象被活活烧死在拴它的柱子上，因为凭它的经验，它认为自己不可能挣断绳子，殊不知它已经不是以前的小象了，它已经长成了大象。

大象被过去的失败经验限制住了，放弃了逃跑的努力。以大象的力量真的挣不脱绳索吗？事实上，它真正挣不脱的是“经验的绳索”。

我们的生活环境不断在变化，有句话说，这个世界惟一不变的就是万事万物都在变化。既然处在一个多变的时代，我们就不能拘泥于一成不变的东西。

因为经验是会过时的，永远不会过时的是创造性思维以及灵活多变的方式方法。只有通过对经验的灵活应用，才能使经验这把“双刃剑”在我们成功的道路上发挥出正面作用。

不让内疚束缚你前进的脚步

心理学家说：过分的内疚是一种病。这种病会钳制人们的心理、控制人们的情绪，当人们的心理和情绪被掌控后，人们就可能会丧失“自我”，从而陷入内疚的泥潭中难以自拔。

一般我们认为，内疚有两种，一种是适度的，也就是健康的；一种是过度的，即病态的。健康的内疚是心灵的“报警器”，是人类良性情绪的内核，会提醒人们照顾他人的利益和感受，调整人际关系，有利于个体适应社会生活。而病态的内疚则是心灵的“毒药”，会使人长期生活在压力、紧张和痛苦中。它就像影子一样，笼罩在人们前进的路上。

商场里，曾有一个6岁的男孩和他的妈妈说了这么一段话：

“妈妈，我要那个猴子。”男孩指着一个玩具猴央求妈妈。

“猴子有什么好的，你已经有那么多玩具了。”

“我想要啊！”男孩强调道。

“你什么都要，不是好孩子，妈妈不喜欢你了。”

“我就是要嘛！”男孩哭闹起来。

“妈妈买不起啊，你爸爸都没有给我们钱。”妈妈没有继续批评，而是想到自己的婚姻，想到丈夫对家庭对自己全不负责，越想越伤心，不禁流下了眼泪。

男孩看到妈妈哭了，很惊恐，自己反而不哭了。他走到妈妈面前，拿自己的衣服袖子帮妈妈擦了一下眼泪，异常懂事地说："妈妈，我不要了，你不要哭，我以后长大了，给你钱买很多东西。"

妈妈为什么会哭，男孩或许并不明白，我们敢肯定的是，他一定在内疚，他一定在认为是自己的行为让妈妈难受了，因此他感到内疚，他不想因此而成为一个坏孩子，所以他放弃了自己的愿望，转而照料妈妈的情绪，不再闹着买玩具。

从此，男孩在脑海里形成了这样一个模式：放弃自己的愿望，照顾好妈妈的情绪，不让妈妈悲伤。如果坚持自己的愿望而让妈妈为难，就不是好孩子了。因此男孩开始变得懂事，可是很多时候并非人人都能像那个男孩一样从自己的内疚中释怀，使自己的内疚仅仅维持在适度的、健康的层面上。

因为很多时候我们内疚的程度取决于我们对别人所造成的伤害，取决于我们因为做错事而得到的后果，我们对别人造成的伤害越大、得到的后果越严重，我们的内疚就会越深、越久。

从前有位年轻人，饱读经书，富有才情，很多女人迷恋他。一天，一个女子来敲他的门，说："让我做你的妻子吧！错过我，你将再也找不到比我更爱你的女人了！"年轻人虽然也很喜欢她，却回答说："让我考虑考虑！"

于是年轻人拿出他所列的"择偶清单"，逐一进行对照，发现那位女子并"不完全"符合他的要求，尽管自己很喜欢她，但无论如何不能改变自己对婚姻的"要求"，于是陷入了长期的矛盾和痛苦中。

直到有一天他想通了：我不能改变我的标准，但我能改变她呀。于是兴冲冲去找那位女子。

年轻人来到女人的家中，问女人的父亲："你的女儿呢？请你告诉她，我考虑清楚了，我决定娶她为妻！"女人的父亲冷漠地回答："你来晚了

10年，我女儿现在已经是3个孩子的妈了！”

年轻人听后，后悔不已。他想到导致这一“恨事”的根源是自己对人事的洞见，他决定惩罚自己，于是终日将自己和那些“学问书”关在屋子里，每天不停地自责和忏悔。

临终前，他将自己所有的著作丢入火堆，只留下一句他所悟到的禅理：人生来是受戒的，而让人痛苦的根源，一半是对他人的苛求，一半是对自己的惩罚！

故事中的年轻人用一生证明了人生的“死门”：苛人责己。很多时候我们当中的很多人都像他一样，对别人做出极度苛刻的要求时，反过来又会不断地责备自己；无情地伤害别人后，自己又会自虐式地惩罚自己。

从本质上来说，内疚是一种自省，是一种改过自新的心理状态，但是如果内疚过了头，就会因为内疚而产生“自厌”心理，不仅否定自己，而且厌恶自己，从而在心理上不能原谅自己。

事实上，一个人感到内疚，应该说是一件值得高兴的事，因为在他内疚的同时，他其实正在从心里改变自己之前的错误。然而，就是因为内心过度内疚，他便很难打起精神直面自己的过失，因此随着内疚的加深，他只会不停地责罚自己，从而使自己在自我责备的心理失衡中沉沦。

所以说内疚就好比是心灵的蜘蛛网，它“网”住的不仅是我们的情绪，还有我们前进的脚步。它虽然可以帮助我们记住过去，但同时它也阻碍了我们走向成功的脚步。

成功往往被扼杀在拖延的习惯中

本杰明·狄斯拉理说："行动也许不一定会带来快乐，但是没有行动就决没有快乐。"无可否认，无论是谁，想要获得成功，必须马上采取行动，而拖延，只能导致失败。因此，成功在很多时候就是被拖延的坏习惯给扼杀了。

拖延是一种习惯，一种阻止自己取得进展的思维方式。有很多人是这样的：如果让他必须做到完美，那么他宁愿拖延着也不愿意努力做事，不愿意冒风险被人评判他的失败；如果他相信成功是危险的，那么他就会通过拖延保护自己与他人，降低自己把事情做成的概率；如果他将合作等同于屈服，那么他就会一直把事情拖着，直到觉得他已经准备好了才去做它，以此来维护他的掌控感；如果他相信人们不会喜欢真实的他，那么他就会利用拖延保留他自己的想法并与他人保持一个安全距离。

其实，这就是拖延者的心态，但是这样的心态往往让他们丧失了升职的机会，降低了取得成功的的几率，这样拖延就成了扼杀他们成功的刽子手。

著名华裔计算机名人王安博士，可谓是一个成功的人。他能够成功的原因，就在于他反应迅速，行动敏捷，能够快速抓住市场上一闪而过的机遇。

在他6岁的时候，一天他外出玩耍，经过一棵大树，恰巧从树上掉下了一个鸟窝。窝里有一只还不会飞的小鸟。于是他便把小鸟连同鸟窝一起带回了家。正要进门的时候，他突然想起母亲不允许他养小动物。小王安想了一会，便把小鸟悄悄地藏在门后，急忙走进屋去向母亲恳求。在他再三的哀求下，母亲终于同意了。王安兴奋地跑到门口，看见鸟窝还在那里，但怎么也找不到小鸟了。这时他发现一只黑猫正意犹未尽地舔着嘴巴。王安伤心极了，他怪自己没能早点下定决心。

从此，他明白了：犹豫不决可以让人功败垂成，果断行事可以减少一些犯错误的机会。

儿时的经历给了王安很深的启发，这件事也确立了他的行事准则，成了王安日后取得事业成功的重要保证。大学毕业以后，王安自己创办了简陋的实验室，开办了公司。做事从不犹豫的王安经过十多年的努力，已经在全世界60多个国家设立了250余家分公司或工厂，打造了自己的企业帝国。1982年，王安以排名第五的身份，跻身《福布斯》杂志公布的美国富豪排行榜。

我们可以从王安的身上，看到果断后取得的辉煌成就。目标和计划是很重要的，但是，只有付诸行动，才能使目标和计划得以实现。任何机会都是一闪即逝的，犹豫不决只能让机会消失。

著名的美国投资家坦普尔顿说："我想不出比'今日事今日毕'更好的工作方法。它是一种艰苦的方法，需要用毅力去支持，但也是最好的方法。"

立即行动是一个人的创业干劲、工作热情和对未来的责任意识的表现。人生苦短，来日不多，不要等到年老体衰、白发苍苍之时才后悔。那就太晚了。人生能够有所作为的机会并不多，放弃今天，就等于放弃了理想。美国出版家和作家费西说："成功的大事很少是长期考虑、仔细安排的结果，而是我们每天日常工作的结晶。"

世界闻名的"水晶大教堂"，是一座耗费2000万美元的雄伟建筑。它的建造者是罗伯·舒勒，他因为这座建筑而成为世界闻名的传奇人物。之所以说他传奇，是因为这座教堂的建造过程十分的不可思议。

舒勒博士在28岁时，准备兴建一座教堂，但他仅有500美元。

带着仅有的500美元，他来到加利福尼亚州一个陌生的教区，准备在这里兴建教堂。就凭着他非凡的毅力和卓越的管理才能，在完全没有贷款的情况下，竟真的建造了一座耗资 2000 万美元的“水晶大教堂”，从此他成为世界闻名的传奇人物。

从舒勒博士的传奇经历来看，空有理想不付诸行动，梦想终归只能是梦想，永远没有实现的可能。犹豫不决的人经常迟迟不肯行动，他们老是说：“等一等，等我准备好时就一定开始。”但是准备来准备去，却从来没有准备就绪过。成功的人，往往一做决定，就立刻行动，因为机不可失，时不我待，失去契机，将永远无法成功。

很多人对未来有很好的设想和计划，甚至已经准备了实施的方案，但就是拖延着不肯动手。他们放弃了一次又一次可以开始的机会，总是把事情拖到明天或后天，任凭日子一天天从身边流过，最后只落得个一事无成。拖延是世人常犯的毛病，摆脱拖延的习惯，正是你走向成功的起点。

我们要懂得时间的宝贵，懂得果断的重要。立即行动正是敏捷果断、惜时守时的具体体现。只有说到做到、立即行动的人，才能得到别人的尊重。与此相反，拖延时间，犹豫不决不仅会错失良机，滋生懒惰，也会削弱声誉，这样成功只会离你越来越远。坦普尔顿曾经说过：“有拖延习惯的人永远不可能获得成功。谁愿意和有拖延毛病的人打交道？谁愿意依靠这种人？”

如果我们想成功，就要毫不犹豫地摆脱掉拖延的习惯，因为就是这个习惯总是让我们与成功擦肩而过。

斤斤计较只会让人生之路越走越窄

斤斤计较是一种心胸狭窄、气量狭小的心理和爱占小便宜的心态。斤斤计较只会使一个人的人生道路越走越窄，使生命失去亮丽的风景。

在生活中，斤斤计较的人常常对一些鸡毛蒜皮、芝麻绿豆的小事耿耿于怀，锱铢必较。尽管他不一定让他人吃自己的亏，但他决不肯吃别人的亏。因此，一个心胸狭窄、斤斤计较的人，很难做到把别人对自己的不满置之脑后，他会时刻掂量，寻找机会，加倍还给人家。这样他就会逐渐偏离正确的人生轨道，围绕在他头上的成功光亮也会渐渐暗淡。

吕蒙正三次任宰相。他之所以能坐上这么高的位置，就在于他不喜欢把人家的过失放在自己的心里。

他刚担任宰相不久，上朝时，有一个官员在帘子后面指着他对别人说："这个无名小子也配当宰相吗？"

吕蒙正假装没有听见，就走了过去。他的同事都为他愤愤不平，要求查问这个人的名字以及担任什么官职，吕蒙正急忙阻止了他们的行为。

退朝以后，同事们心情还是难以平静，后悔当时没有及时查问清楚。吕蒙正却对他们说："如果一旦知道了他的姓名，那么一辈子就忘不掉。宁可不知道，不去查问他，这对我有什么损失呢？"当时在场的人都为他气量恢宏而折服。

这个小故事告诉我们，凡是成大事者都是心胸宽阔，不会斤斤计较的人。因此做人切忌为人刻薄、斤斤计较、有仇必报，其结果必使自己成为失道寡助的小人。

我们生活在社会中，出现一些磕磕碰碰的事情在所难免。可能在不经意间有人让你的面子受伤，也可能会让你下不了台，或者会当众给你一些难堪，或者可能对你抱有很深的成见，等等。

遇到这类事情，我们要以自身的宽宏大量促使别人反躬自省。如果都是“针尖对麦芒”，以牙还牙，斤斤计较，不但解决不了事情，还会把事态扩大，甚至激化矛盾，对人对己都没有什么好处。

俗话说，“退一步海阔天空，让三分心平气和”，我们要有“退”和“让”的胸襟，妥善处理好日常生活与工作中的一些问题，这样我们才会处理好人际关系，在生活、学习和工作中才会享受到更多的乐趣。我们的人生道路也才会更加宽广。

王小丽在单位里人缘不好，没有人愿意理她，她尽管苦闷却还是老样子。主要原因是她凡事斤斤计较，从不主动帮助别人，谁也别想占她一点便宜。

春节就要到了，单位又开始分发礼品，正巧她不在，同事们就把她那份放在了一边。她回来后看到自己的东西比别人的少，就认为是同事故意给她留了一份少的，当时就变了脸色。同事因工作上的事情找她帮忙，她就爱理不理地应付着，办公室的气氛也因此而变得紧张。

回到家里，她没有心情，就把分发的东西扔进厨房，气冲冲地到阳台上呼吸点新鲜空气。丈夫把饭做好后叫她吃饭，她也说不想吃。任凭丈夫怎么劝她，她就是不肯吃，弄得丈夫心情也不好。

以前每天晚上她都要陪丈夫去散步，现在也不去了，早早地把自己关进卧室休息去了，辗转反侧，折腾个不停，怎么也睡不着。折腾了大半夜，终于睡着了，上班的时间又到了。她只好无精打采地起床，丈夫准备的早餐也不吃了，饿着肚子赶去上班……

在王小丽身上，我们可以看到：由于她经常斤斤计较，而导致自己受到冷落，不仅伤害了别人，同时也不利于自己的身心健康，甚至还会让工作停滞不前，影响升职的机会。毕竟，没有一个上司喜欢一个斤斤计较的下属。

斤斤计较的狭隘心理，往往表现为无法忍受不利于自己的批评与议论，更无法承受无意的伤害和丝毫的委屈，否则就会因为一点小事而斤斤计较、耿耿于怀。狭隘也往往表现为小气吝啬，度量小，吃不得亏，否则就会心理不平衡，就会绞尽脑汁，想方设法去弥补损失的利益。

因此，一个人不能总是把目光放在眼前的一些利益上，而应该放下小气的心理，树立大目标，把眼光放得长远一些，只有这样在一些小利益的诱惑下，才不会顶不住诱惑，才不会一失足成千古恨。

同样地，在人际交往中，一个心胸坦荡、不斤斤计较的人才能更轻易地赢得别人的友谊、爱戴与尊重。

的确，社会生活中，有什么会比人和人之间的和谐相处更重要的呢？虽然我们不可能都像一休禅师那样境界高，但是只要平时大度一点，容忍一些，人们之间的矛盾就能减少很多，朋友之间相互帮助的事情就会多很多，人缘也就自然会好很多。

古人云："以小人之心，度君子之腹。"虽然，心胸狭小斤斤计较的人不一定是小人，但是他们经常患得患失，无中生有，疑神疑鬼，草木皆兵也就成了一个准小人了。

人生中多一分宽容的心态，就会看到更精彩的风景。斤斤计较，只会让我们进入人生的死胡同，永远得不到阳光和雨露的照耀和滋润。雨果说过："世界上最宽阔的是海洋，比海洋更宽阔的是天空，比天空更宽阔的是人的心灵。"心灵本应是最广阔的地方，而在现实生活中，总会有人用狭隘演绎人生。

第11辑

拒绝平庸，为你的未来打造优势

很多人在为未来拼事业，但却不知为未来提升自我。只有不断地完善自我，建立起别人不可攀比的优势，未来才能获得成功。在未来，你是一个平庸的人还是一个了不起的人呢？这源于你现在努力与否。努力去学习，去提高自己，这是塑造美好人生前景的前提。

优势穿着隐身衣，需要自己挖掘

在现实生活中，有的人潜心于忙碌和奔波，却忽视了去发现和挖掘自己的优势，这就等于是忽视了“磨刀不误砍柴工”的重要性一样，延误了成功。所以，要想早日登上成功的顶峰，最快的捷径就是：现在，就去发现能改变自己一生的优势。

有一个法国人，在学习、工作和事业上都很不顺心。他没有好的家庭背景，只有中学学历，在一家小公司里从事打扫厕所卫生的工作。他对自己缺乏信心，觉得自己的人生充满悲哀和无奈。整整五年时间，他每天早上起床后，都是一成不变地上班、干活，与有限的几个朋友来往。他已经接受了这种生活方式，认为自己的生活只能如此。

有一天，一位老人搬到了他的隔壁。这位老人号称不仅能预知未来，还知道别人的前生。每天上下班时，年轻人经常会碰见老人并和他聊几句。有一天，老人坐在年轻人身边，称已经感觉到了年轻人的前生。老人告诉年轻人，他的前生是拿破仑，是历史上最伟大的政治家、军事家和领导人之一。拿破仑虽然出身卑微，但却通过勤奋和努力从科西嘉岛的平民成为法国陆军的军官，最终成为法兰西帝国的皇帝。

年轻人表面装作极不相信地离开了，但心里却有了一种从未有过的伟大感觉。他对拿破仑产生了浓厚的兴趣。回家后，就想方设法找到与拿破仑有关的一切书籍来看。他开始了解拿破仑的生活，以及他的领导才能、性格和品质方面的细节和优势。他慢慢地发现，自己身上也潜藏着同样的优势。他研究拿破仑在领兵打仗时表现出的领导才能、指挥才能和统帅才能，越来越发现自己也具有同样的潜能。

他开始研究其他军事将领，研究军事史。他还研究了商场和战场领导方法的书。他时常发现，自己具有历史上各国领导者表现出的许多相同的优势。这些优势越积越多，在工作中，他的言谈举止越来越像一位领导者。

他主动请求改变自己的工作职位，承接一些他原先想都没有想过的任务。公司领导感觉到他不再是以前那个无所事事的员工，全身都透出一种精明能干的干劲，于是开始交给他一些挑战性的工作。每次得到更难的工作时，年轻人都不再胆怯和害怕，他全身心地投入工作，出色地完成任务。并在业余时间学习与工作有关的业务知识。

他所了解的知识越来越多，经验也越来越丰富。他的职位不断得到提升。

经过几年的进步，他已经完全摆脱了以前那个认为自己毫无优势的形象，彻底转变成了一个大胆、自信的管理者，成为行业的佼佼者。

这个年轻人的改变并不是奇迹，在他没有意识到自己的优势潜能之前，只能流于平庸且清贫的生活，他一成不变地任由命运摆布，浑浑噩噩五年多而无所获。但是，当他听说自己的前世是拿破仑以后，他对自己的人生态度就有了改观。他开始以拿破仑的品质和处事方法来要求自己，从拿破仑身上学习其赖以成功的优势，从而使自己在无形中也具有了这些优势。在这些优势的塑造过程中，他的处事方法也发生了巨大的转变。他在不断进步中获得了优势，并发挥出了优势，所以在事业上也青云直上，终有成就了。

每个人都有超越他人的独特优势，这些优势如同潜藏在地底下的火山，蕴藏着无穷的能量。如果能及早发现这些优势，就能获得非同一般的成就。

自我完善比接受教育更重要

一般说来，教育是人类依靠书籍和教师来逐步发展自己心智的过程。然而在现在，即使一个人因为各种原因失去了受教育的机会，他也不必灰心丧气。因为，他仍然可以为自己找到一条接受教育的途径，那就是“自我完善”。事实上，我们身边存在着众多“自我完善”的机会，也存在着大量有助于“自我完善”的资源。如今，我们可以找到各种各样有益的资源。比如，质优价廉的图书、免费对公众开放的图书馆以及夜校等。在这种情况下，如果一个人还以教育资源稀缺为借口来逃避“自我完善”的话，就无法令人信服了。

在半个世纪或者一个世纪之前，人们要获取知识是相当困难的。那时书籍不仅数量少而且价格高，学习条件也和现在有着天壤之别。在过去，人们在每天繁忙工作之余，仍然要坚持不懈地学习。借助昏暗的烛光，努力克服身体上的疲倦，以便使自己进入一种忘我的学习状态之中。其中的艰辛，我们可想而知。但是，就是在这样艰苦的环境下，还是涌现出了许多取得杰出成就的伟大人物，这不得不让人感到惊叹和佩服。相比之下，我们目前的学习环境已经优越了许多。在我们周围，完善自我的机会比比皆是，书籍也是汗牛充栋，但是我们取得的学识却远没有前人那样多，这实在值得我们认真反思。

完善自我意味着我们的内心必须具备这样一种冲动：对改善自我的渴望。可是，在生活中，我们总是喜欢做一些无聊且浪费时间的事情，比如看闲书、打扑克、玩台球、讲故事、毫无目的地闲逛等。我们白白浪费了这些大好的时光。所以，如果你有改善自我的欲望，那么你就要努力去战胜自己，战胜那个玩物丧志的自己，唯有如此，你才能实现自己的目的。

对于那些力求自我完善的人来说，必须战胜阻碍自己前进的“狮子”——自我放任。只有战胜了这个敌人，才能够取得进步。

许多年轻人会发现，他们一不留神就被自己的竞争对手甩在了身后。但是，通过自我反省，他们会发现这种落后是必然的。因为他们停止了努力，没有进行广泛的阅读以充实自己的知识体系，浪费了许多可以好好利用的时间。这样当别人在不断进步的时候，他们只能在原地踏步了。而原地踏步就等于退步，不是吗？

把休闲时间用来阅读和学习不仅是一种正确的选择，也是一个人目光高远的体现。历史上就有许多利用休闲时间进行学习的著名事例。这些成功人士并没有把休闲时间用来享乐，而是利用一切可利用的时间进行学习，哪怕牺牲一部分睡眠时间和进餐时间。

伊莱休·波利特当年的学习环境极其艰苦，但是他却取得了巨大的成功，成为了美国著名的慈善家、语言学家和社会活动家。

16岁时，伊莱休·波利特在一个铁匠铺做学徒。他必须整天呆在那里工作，有时甚至还需要加夜班。但是，在这样艰苦的条件下，他还是不断地充实自己。他在口袋里随身装上一本书，一有空闲时间，他就拿出来阅读。晚上看，休息日也看，甚至在吃饭的时候也看。总之，他利用一切可以利用的时间来学习，任何时间都不放过。每天早上，当那些家境富裕的孩子或者贪玩的孩子还在床上伸懒腰、打哈欠时，年轻的波利特就已经开始学习了。

由于对知识的追求，对完善自我的强烈欲望，他战胜了前进道路上的一切障碍。一位富有的绅士曾提出资助波利特到哈佛大学去读书，但是被他拒绝了。波利特认为虽然自己每天要花在铁匠铺里12～14个小时，但是自己依然有能力通过自学来获取学识。波利特是一个有着坚定决心的人。在铁匠铺上班之余，凭借着自己挤出来的零星时间，在一年的时间里，他就掌握了7门外语。在如此艰难的环境中能够取得如此伟大的成就，实在是令人震惊。

因此我们应该知道，我们没有取得成功，并不是因为我们缺乏能力，而是因为我们缺乏勤奋。

把学习放心上，利用一切资源完善自己

很多人在年轻时都没有把学习放在心上，认为学习只是一件无关紧要的事情，没有必要花费精力去学习。可是，等到他们暮年的时候，他们将会发现自己的人生是多么的失败。

生活中，有许多天资聪颖的女孩，她们富有青春朝气，但是却将自己的青春浪费在一些普普通通的岗位上。为什么会这样？因为她们觉得自己没有必要去发展自身的才智了，也没有必要去抓住那些可以使自己获得更好岗位的机会了。所以，这些女孩放弃了可以提高自己的资源，从而使自己的一生都葬送在失败中。而更深层的原因是，这些女孩从来没有认识到学习也是一项任务。在她们的意识中，学习是一件无足轻重的事情。相对于学习来说，将来能够嫁给一个如意郎君，更能给自己带来巨大的回报。因此，在学校里，她们毫不重视基础知识的学习，甚至不愿意去发掘适合自己的事情，并努力将其发展成为自己未来的职业。在她们的脑海中，从来没有想过要依靠自己的能力来独立生存。可是，我们必须要清楚的是，能够依靠婚姻而取得幸福的人毕竟是少数的，生活中也有许多例子足以说明依靠婚姻来保障自己今后的生活有多么不可靠。

类似的缺点在很多年轻人身上都体现出来。他们在投入精力发展自己才能方面十分吝啬，但是却希望能够得到一份好工作：每天工作几个小时，活儿很轻松，报酬却很丰厚。由此可见，在这些年轻人的观念中，他们考虑最多的是如何享乐，而不是如何锻炼自己，使自己有所进步。

许多职员都羡慕自己的雇主，希望也能拥有自己的事业，雇用他人。但是，当他们一旦得知要改变现状需要付出极大的努力时，他们就会自觉地选择放弃。这样的人喜欢过一种轻松自在的生活，希望可以闲庭信步地走完自己的一生。但是我们要知道，如果要想获得更好的岗位，领取更丰厚的薪水，就必须不断努力，持续拼搏。这是非常必要的！

是的，大部分人存在的问题就是：他们不愿意通过现在的牺牲来换取将来的回报。对于花费时间改善自我来说，他们更愿意好好享受当前的生活。虽然他们对成功也有所渴望，但是这个渴望并不强烈。当他们知道若要实现自己的渴望，就要牺牲一些当前的时光时，他们就会打消自己的念头；他们也渴望干出一番事业，但是这个渴望没有强烈到让他们能够心甘情愿地去付出一些代价，正如他们不愿意坚持不懈地辛苦学习，以此为自己的美好未来打下一个坚实的基础一样。

大部分人都将在碌碌无为中度过自己的一生。他们本来有能力改善自己的生活，但是却因为缺少热情和决心而不得不中途放弃。要获取高贵的生活，就必须努力拼搏。但是这些人却宁愿悠闲自得地过着自己卑微的生活，也不愿意付出必要的努力。不思进取，只能一无所获。

仅仅有了完善自我的打算还不够，我们还必须对此做出周密的计划。只有这样，我们才能找到能够为自己所用的机会。“如果没有机会，那就创造机会。”下面就是一个来自于我们身边的例子。

有一个年轻的爱尔兰人，当他将近20岁的时候，他仍然不会读书写字。因为他所处的地方到处都弥漫着自我放纵的气息，根本无法得到学习的机会。于是，他选择了离开自己的家乡。

在借助黑板报学习了一些读写能力之后，他在军舰上获得了一个海员的岗位。在军舰上，他主动选择到船长室去工作，因为他知道在那里可以学到更多的知识。为了能够将自己听到的新的单词随时记录下来，他特意在自己的口袋里放了一个便签簿。

一天，他这种随时记录的习惯引起了一位长官的怀疑。这位长官怀疑他是敌人派来的间谍，负责侦查他们舰队航行的计划。但是，当舰上的长官了解到事情的原委后，他们都十分认同这位年轻人的学习热情，并千方百计地为他提供更多的学习机会。

最终，这位年轻人凭借着这些学习的机会，在海军部队里赢得了一个显赫的地位。

如果你能够像这位海军官员一样，在通向成功的道路上积极地学习，始终完善自己，那么你也一定能够取得成功。

未来要拥有优势，现在就要不断学习

在现代社会中，知识的更新速度越来越快，不努力学习，就会被淘汰。俗话说："活到老，学到老。"人若要拥有某种优势，就必须不停地学习。电脑巨头罗斯佩罗说："凡是优秀的、值得称道的东西，每时每刻都处在刀刃上，要不断努力才能保持刀刃的锋利。"

在一所大学里期终考试的最后一天，一群即将毕业的学生正在进行毕业与工作之前的最后一次测验。其中一些学生在谈论他们现在已经找到的工作，很明显，他们感觉自己已经准备好了，甚至都觉得自己有足够的优势来征服这个社会。

考试一点也不用紧张，因为教授曾经说过，他们可以带任何参考资料。惟一的要求就是他们不能在测验的时候讨论。

考试时间到了，当看到只有五道评论类型的问题时，这些学生看起来不再自信了。教授手里拿着试卷问道："能完成五道题目的有多少人？"

没有一只手举起来。

“完成四道题的有多少？”

仍然没有人举手。

“三道题？两道题？那一道题呢？当然有人能完成一道题的。”

依然没有人回答。

教授放下试卷：“这正是我期望得到的结果。”他说，“我只想说，即使你们已经完成了四年的学习，但关于学习的路还很长，请你们记住——即使你们现在已是大学毕业生了，你们的成长仍然还只是刚刚开始。”

人们常说的“百尺竿头，更进一步”，意思就是在取得优势后应该力争更高的优势。倘若取得成就之后自高自满，那就不会再有更高的优势。有一些人之所以在个人优势上不能“更上一层楼”，就是因为不能继续学习、修行，当一个人善于学习时，他的优势就会不断叠加，最终成为优势十足的人。

王如是一所大学法律系的毕业生，他的理想就是能够成为一名律师。毕业后，他进入一家律师事务所工作，他的同学都嫌进律师事务所给人打工赚钱既少又累，简直就是浪费青春，所以他们大部分都出去单干了。可是王如却不这样想，他在毕业前首先查阅了当地的各大律师事务所以及著名律师，他发现阳光律师事务所不仅办案公平，而且成功率也很高，这一切都得力于一个叫孙阳的大牌律师。的确，这位律师现在出了名，被人称为百姓的律师。他为老百姓打官司，无论多么难办的案子都在他的手上弄出了头绪。王如来到这家律师事务所，想方设法为孙阳工作。他每天跟在孙阳后面，一点一滴地向他学习，和孙阳一起办了几件大官司。渐渐地，当地的百姓都知道孙阳有一个好学生叫王如，他的办事能力也很强。孙阳忙不过来的事都交给王如做。王如终于也成了当地的著名律师，实现了自己的理想。

如果你希望自己有优势，就应该在你从事的领域内找到一位成功的前辈，然后虚心向他学习，学习他的思考、策略、信念，做好充分的准备后，等机遇一来，你就是下一个成功者。

纽约一家公司被法国一家公司兼并了。

在签订合同当天，公司新总裁宣布："我们不会随意裁员，但如果谁的法语太差，导致无法跟新员工进行交流，那么，公司就不得不请他离开。这个周末我们将进行一次法语考试，及格的人都能够在这里继续工作。"

散会后，几乎所有的人都拥向图书馆，只有汤姆像平常一样直接回家了。同事们想，他一定是想放弃了。汤姆毕竟快40岁了，要想重新学习一门语言可不是容易的事。一周后，考试成绩出来了，有30%的人没有及格。公司毫不留情地把他们解雇了。不过，在这份解雇名单中并没有汤姆的名字，同事们正在纳闷，公司新总裁向大家宣布了一个决定：任命汤姆担任销售部的主管！

同事们更不解了，纷纷找汤姆问个究竟。

原来，大学毕业刚来到这家公司时，汤姆就认识到自身的不足，为了弥补，他坚持每天提高自己。他看到公司的法国客户很多，自己又不会法语，与客户沟通时非常不方便，就有意识地去自学法语。

可是，汤姆每天的工作都很忙，该怎么解决工作与学习之间的矛盾呢？经过思考，他决定每天记住10个法语单词，这样下来，一年就能掌握3600多个法语单词，然后再慢慢地学习运用，就能慢慢掌握法语了。

所以，在以后的工作中，汤姆从没间断过法语的学习。十多年过去了，汤姆的法语已经学得非常地道，跟客户沟通也不需要翻译在场，而这次考试恰恰成了汤姆晋升的机遇。

不管你有多能干，曾经把工作完成得多么出色，如果你一味沉溺在对昔日表现的自满当中，"学习"便会受到阻碍。要是没有不断学习、不断追寻各个领域的新知识以及不断开发自己的创造力的精神，你就会丧失基本的生存能力。因为，现在的社会对于缺乏学习意愿的人很是无情的。一旦拒绝上进，人就会迅速退化，所谓“不进则退”，转眼之间就被抛在后面，被时代所淘汰。

不在乎别人说什么，只在乎自己追求什么

鲁迅先生曾说过一句很经典的话：“走自己的路，让别人说去吧！”因为每个人的追求不同，人生观不同、价值观不同，所以行事也就不同。有的时侯，或许你的行为，在别人看来与飞蛾扑火无异，但是只要你自己觉得那是你真实的追求就好。

因为，事情总是做给自己的，不是做给别人看的。我们没有必要为了别人用并不一定适合自己的那套理论来改变自己。什么时候都要记住：你在乎的只能是自己追求的那些东西，而不是别人的话语！

猛张飞，是后世人对于张飞的称呼。当年在长坂桥，他一声：“我乃燕人张翼德也！”吓退了曹操百万大军。照理说，张飞这么一位勇士，刘备和关羽该对他的脾气大加赞赏才是，偏偏张飞数次被刘备和关羽教育要改改火爆的性子。结果不说读者也知道：张飞肯定是不听的，至于原因，有这样一个故事。

当年诸葛亮还在茅庐住着未出山的时候，刘备带着张飞和关羽前后三次去请诸葛亮出山，但当时诸葛亮没有理睬。最后一次的时候，诸葛亮终于有了一些行动，他给了刘备一个打了结的绳子，并声言只要刘备解开绳子，他就跟着刘备走。

于是，刘备和关羽轮番上阵，可是费尽九牛二虎之力，却始终无法解

开那个绳子。这时候，爆脾气的张飞早就对诸葛亮一肚子火，眼看这时候他居然还给自己的哥哥们出难题。他按捺不住心中的怒火，一把抢过绳子来，只见刀光一闪，绳子被他拦腰割断。

刘备大惊，正要责备张飞坏了大事时，没想到诸葛亮却大笑而出，说："汉有如此猛将，事当可为。"于是跟随刘备出山。

据说，这个绳结已经早被心灵手巧的诸葛夫人把两头用针线缝合了起来，根本就是一个无法解开的死结。那个时候如果不是张飞，刘备和关羽就是想破了脑袋也没有办法。

所以说，张飞就是张飞。如果刘备和关羽当初真的让他改变了自己的风格，他之后也就不会立下那么多的战功了。因为张飞靠的就是勇猛战胜敌人，这是一个优势。若让张飞三思而后行，那势必影响到他一鼓作气的那种气势。

长坂桥的那一声吼叫，硬是让百万曹军踟蹰不敢前行，甚至传闻有人因此吓死。

试想一下，如果张飞没有一贯暴躁的本性，而将本性转变成那些智谋百出的将军。那狡猾的曹操一定毫不犹豫地判断张飞的吼叫只是唬人不吃人的。

但是，当张飞一直秉持着这种张扬的性格时，他直肠子、不会耍花招的个性已经深入曹操心。曹操因此知道：这不是闹着玩的，张飞他那么鲁莽不经大脑思考的人敢一生吼叫，那他一定有所依仗。因而，曹操不敢冒险，只能退兵。

在现代社会，"个性"两个字已经被越吵越热，很多人为了凸显自己，踊跃地发扬符合自身的个性。

当然了，现代人也意识到：一个人想要成功，就必须走出只属于自己风格的路来。如果老跟在别人的屁股后边学，充其量不过是一个模仿别人的人，活在别人影子里的人。

"copycat"，这是硅谷对于中国互联网的第一印象，这也是无法改变的事实：模仿战略本身就是商业逻辑在推动。中国因为各种各样的原因导致了互联网发展缓慢，因而注定前者一开始只能踩着后者的脚印走。

王建硕就认为“抄袭”的说法其实是误会了中国的创业者：“中国的互联网大概比美国晚 7 年，并不是指技术晚，而是指用户晚。所以中国即使不参照美国的模式，也是按这条路来走。现在有了美国的借鉴，而借鉴明明是合理的东西，却又不用，那不是傻吗？”

从这里我们可以看出，刚开始的时候因为找不到方向摸不到路，模仿是在所难免的，但是一旦已经熟悉了轨道，摸到了规律之后就需要脱离母体独立行走了。

这方面典型的例子就是阿里巴巴，马云从一开始涉足互联网的时候就点明了自己会走本土路线：“我觉得中国一定要有自己的商务模式，是不是 eBay 我不知道，是不是雅虎我也没有看清楚，但是如果围绕中小企业帮助中小企业成功，我们是有机会的。”显而易见，马云的这段话表明了这样一层意思：阿里巴巴没有模仿对象。

在中国互联网起始阶段，所有的创业者都将发展的方向定格在了模仿上。但是在不断跟随美国乃至世界先进脚步的大环境中，马云能够不顾外界的眼光和质疑，一门心思地专注在自己追求的方向上，这不能不说是难能可贵、与众不同的。虽然他后来创办的淘宝和支付宝，外人很明显地看到它们身上有 ebay 和贝宝（paypal）的影子。

但是，至少从整体上来讲，马云走出了自己的个性，展现出了他趋于本土化的商业思维。从商业的角度来看，马云的阿里巴巴主要是抓住了小企业营销无门的命脉获得了成功。而向来备受商家争议的淘宝，推出的最具杀伤力的免交易费政策虽然最初让很多的商家觉得马云是在做赔本的傻事。

但最后的结果却显示出，马云当初的选择和方向并没有错。现在的淘宝，已经具有了十足的客户群体和口碑，知名度的提升已经为他以后要走的路做好了充分而坚实的铺垫。正是马云的独创，让阿里巴巴集团坐上电子商务老大的位置。

阿里巴巴的成功说明了一个明白无误的事实：不靠美国模式，中国企业依然有成功的机会。造成不同结果的原因就是：不是每个创业者都有马云的坚持和判断力，也不是每个人都有马云那种“不在乎别人怎么看，只在乎自己追求什么”的勇气。

绝大多数的创业者不是习惯把外国的成功经验直接搬来了事，就是面对别人异样的眼光选择了屈服，走大众化路线。而事实证明：走大众化路线的最后结局就是集体走向了一个地方，拼得头破血流地去争仅有的一点地盘和利益。

所以，我们说：“个性是一个人最宝贵的财富。”正是因为个性差异的存在，才构成了人生万象的异彩纷呈。人们也才谈得上相互学习、相互促进、相互吸引。假想一下，如果大家都是一样的性格，都走一样的路，那这个世界该多么单调。

因而，为了人生的多彩，我们需要多多地开创属于自己的个性，走别人没走过但适合自己的路。在这个路途中，也许别人会对你的行径有些争议，也许别人会对你的行为指手画脚，但是，请记住：只要你明确了自己的人生方向，确定了自己的人生追求，就不要在别人的指手画脚和异样的目光中停滞不前。相反，你该朝着自己心目中的方向努力，一路向前。

严于律己就是对自己的成功负责

卡托说："我可以原谅任何人的过错，但自己的除外。"这句话说明了，一个成功的人一定要对自己严格要求，不要让自己的错误耽误了成功的脚步。所以说严于律己是一种心态，更是一种让你走向成功的习惯。

三国时，"曹操割发代首儆效尤"的严明纪律精神，使得三军将士敬服，从而以 2 万兵众一举击败袁绍的 10 万大军，取得官渡之战的胜利。21 世纪的今天，我们也要严于律己，规范自己的行为，对待事情要谨慎，这样才不会让失误妨碍了我们成功的脚步。

严于律己是一种心态，有时候，看到别人做事情为了利益而不择手段，最终还得到了满意的结果。这个时候，就有很多人效仿，在面对利益的时候，不管用什么手段，不计后果地去做事情，当时可能没有发现，只关注得到了什么，而不去计较失去了什么。

如果有一天当他回头的时候，他会感到得到的往往比失去的要多得多，比如名誉、尊重，甚至是接近成功的机会，造成这种结果的原因，最重要的就是没有严于律己，放纵让自己与成功失之交臂。因此，我们要严于律己，这样才能保证我们的成功没有一点杂质。

有四个和尚在一起修行，他们修炼的是禅宗的"闭口禅"。

这四个和尚中，有三个道行较深分别称为 A、B、C，有一个道行较浅，称为 D。由于修炼时必须点灯，所以点灯的工作就由道行较浅的和尚 D 来负责。

开始修炼了，四个和尚围坐在灯的四面，盘腿打坐。几个时辰过去了，四个人始终默不做声。

这时，油灯里的油越来越少，灯眼看就要灭了。和尚D由于负责看灯，所以他的眼睛始终在盯着那盏灯，他见此情景非常着急，可是他又不敢说话，只能在那里坐卧不安。

突然，吹来了一阵风，灯头被风一吹，奄奄一息，眼看就要熄灭了。

和尚D再也忍不住了，他大喊了一声："不好！灯就灭了！"

其他三个和尚，始终都是闭目打坐，没有开口说话。但一听到和尚D的叫喊声，三个和尚都睁开了眼睛。

和尚C马上就斥责和尚D说："你叫什么！我们是在做闭口禅，你怎么能够开口说话呢！"和尚B闻声大怒，也冲着和尚C喊道："闭嘴，你怎么也说话了呢？太不像话了！"和尚A一直静默，听到这里，他鼻子里哼了一声，傲然对其他三个和尚说："哼哼，你们都开口说话了，只有我什么都没有说。"

这个小故事中，三个和尚在修炼"闭口禅"的时候，互相监督，但是监督的结果是三个和尚都违反了规定，这表明了三个和尚为了证明自己成功，而忘记了自己要遵守的规定，所以都失败了。

其实现实中也有很多这样的人，经常把注意力放在别人身上，而忘记了律己，到最后什么都没有得到，本来可以成功的却因为急于成功而导致失败了，其实严于律己就是对成功应该负的一种责任。

子曰："吾日三省吾身。"孔子尚且时时体察自己有没有犯错，我们还有什么理由有什么资格去指责别人呢？没有人能不犯错误，而一个人之所以伟大，就在于犯的错误比其他人少，而少犯错的诀窍即在于时刻体察别人，时刻反省自己，从别人所犯的错误中汲取教训，不再走别人的弯路。

这需要有强大的毅力和韧性来自律。这要有强大的内心力量来约束自己的行动。人类是一种记忆力非常差的动物，所犯的每一个错误，都已经有无数的先辈已经演练过无数次。人类总喜欢在同一个地方跌倒无数次，但仍不知悔改。成功人士的成功之处就在于他们已经跳出了这个圈子，他们不像有些愚昧的人，犯错而不自知；也不像有些懦弱的人，明知是错也无力挣脱。他们用莫大的毅力克服了自己的种种弱点，因而取得成功。

1985年，海尔从德国引进了世界一流的冰箱生产线。一年后，有用户反映海尔冰箱存在严重的质量问题。海尔公司给消费者更换货物后，对全厂冰箱进行了严格的检查，发现库存的76台冰箱虽然没有什么功能障碍，但是冰箱的外观却有一些很明显的划痕，严重影响了冰箱的美观。

当时在研究处理方法时领导提出两种意见，一是作为福利处理，发给本厂有贡献的员工；二是作为“公关武器”处理，给经常来厂检查工作的工商局、电业局、自来水公司的人，让他们能够和海尔心往一处使。只是张瑞敏摇摇头，做了一个让人吃惊的决定：76台冰箱全部砸掉。

按照当时的销售情况，这些冰箱稍加维修便可售出。但是，厂长张瑞敏当即决定，在全厂职工面前，将76台冰箱全部砸了。当时一台冰箱800多元钱，而职工每月平均工资只有40元，一台冰箱几乎等于一个工人两年的工资。当时职工们纷纷建议：便宜处理给工人。

张瑞敏对员工说：“如果便宜处理给你们，就等于告诉大家可以生产这种带缺陷的冰箱。今天是76台，明天就可能是760台、7600台……因此，必须解决这个问题。”

要砸冰箱，职工在感情上有点接受不了。在召开的全厂人员的现场会上，当场确认了每台冰箱的生产人员之后，张瑞敏亲自提起一把大锤，砸下第一锤，然后是总公司的人砸第二锤，随后由责任者亲自抡锤将冰箱砸碎。张瑞敏与当时任总工程师的杨绵绵承担了责任，扣罚了自己当月的工资。

从这件砸冰箱的事件可以看出，海尔成为中国最知名的品牌，张瑞敏成为中国的商业领袖，是有迹可循的。

他们在那时候，已经对自己产品的质量严格到吹毛求疵的地步，他们如果不成功，天理不容！张瑞敏这样严格要求自己厂里的冰箱，为后来的成功奠定了坚固的基础。

无论是公司还是个人，严于律己是前提，无论有多么聪明的头脑，多么先进的理念，但如果不能够严于律己，也会将成功的机会拱手让人的。所以，严于律己就是对自己成功应该负的责任。

薛瑄说“惟诚可以破天下之伪，惟实可以破天下之虚”，这句话很深刻地解释了，严于律己是多么重要的习惯。如果我们想成功，那么就从严于律己做起吧！